Rolf Heinzelmann
Manfred Nuber

1 x 1 des Obstbaumschnitts

Das steckt im Buch

Vorwort	4

Welches Obstgehölz passt in Ihren Garten? 5

Standort- und Pflanzenauswahl 5
Unterlagen 6
Pflanzung 7

Wachstumsgesetze 9

Spitzenförderung 10
Oberseitenförderung 11
Scheitelpunktförderung 11
Basisförderung 11
Verhältnis zwischen Krone und Wurzel 11
Schnittgesetze 12

Warum Obstbäume schneiden? 14

Schnittwerkzeuge 15
  Scheren 15
  Sägen 16
  Messer 17
Schnitttechniken 18
Schnittzeitpunkt 20
  Pflegemaßnahmen im belaubten Zustand 20
  Schnitt im unbelaubten Zustand 22

Baumformen 24

Pyramidenform 25
  Pflanzschnitt 26
  Erziehungsschnitt 31
  Erhaltungsschnitt 34
  Erneuerungsschnitt 39
Spindelerziehung 42
  Pflanzschnitt 43
  Erziehungsschnitt 44
  Erhaltungsschnitt 45
Spaliererziehung 48
  Pflanzschnitt 49
  Erziehungsschnitt 51
  Erhaltungsschnitt 53
Apfelbäume mit Säulenwuchs 55
  Schnitt 55

Schnittbesonderheiten bei Sauerkirsche und Pfirsich 57

Sauerkirsche 58
  Pflanzschnitt 58
  Erziehungsschnitt 58
  Erhaltungsschnitt 59
  Peitschentriebe 62
Pfirsich 63
  Pflanzschnitt 64
  Erziehungsschnitt 64
  Erhaltungsschnitt 64

Beerenobstschnitt 66

Dreiasthecke bei Johannis-
und Stachelbeeren 66
   Pflanzschnitt 67
   Erhaltungsschnitt 68
Straucherziehung bei
Johannisbeeren 70
   Pflanzschnitt 70
   Erhaltungsschnitt 71
Hochstammerziehung bei
Stachelbeeren 73
   Pflanzschnitt 73
   Erhaltungsschnitt 73
Himbeeren 75
   Schnitt bei Sommer-
   himbeeren 75
   Schnitt bei Herbst-
   himbeeren 77

Brombeeren 79
Tafeltrauben und Kiwi 81
   Schnitt von Tafeltrauben 81
   Schnitt von Kiwi 84

Service 87

Typische Fehler 87
Zum Weiterlesen und -klicken 90
   Literaturempfehlungen 90
   Empfehlenswerte Links 91
Fachbegriffe 92

Vorwort

Kennen Sie das? Sie stehen mal wieder vor Ihrem Obstgehölz und fragen sich, welcher Ast nun abgeschnitten werden sollte und welcher verbleiben darf?

In diesem Buch werden wir die grundlegenden Fragen zum Obstgehölzschnitt aufzeigen und beantworten. Der erfolgreiche Obstanbau im eigenen Garten funktioniert dann am besten, wenn Sie auf das richtige Fachwissen zurückgreifen können. Gute Kenntnisse über Wachstum und Entwicklung, Standortansprüche, die Pflege Ihres Obstgehölzes sowie zu Ertragsbildung und Fruchtqualität sind dazu notwendig.

Das Wichtigste ist dabei, dass Sie bereits vor dem Schnitt beurteilen können, wie der Baum auf bestimmte Eingriffe reagieren wird. Nur so können Sie Schnittmaßnahmen ganz gezielt durchführen. Das vorliegende Taschenbuch vermittelt dafür die Grundlagen und will durch viele, aussagekräftige Abbildungen eine Hilfe sein, Schnitteingriffe besser zu verstehen und in der Praxis erfolgreich umzusetzen.

Leider können wir Ihnen keine generell anwendbaren „Rezepte" liefern, denn jedes Gehölz ist ein Individuum. Bei jedem Schnitteingriff, den Sie an Ihrem Baum durchführen wollen, sollten Sie versuchen, die Folgen Ihres Eingriffes im Voraus zu durchdenken und von Fall zu Fall entscheiden. Dabei bieten die bei allen Obstgehölzen gleichermaßen geltenden Wachstumsgesetze die notwendige Orientierung.

In diesem Buch haben wir den Aufbau von Pyramidenkrone, Spindel und Obstspalier beschrieben. Diese Kronenformen kommen bei Apfel, Birne, Zwetschge, Kirsche oder Quitte zur Anwendung. Die besonderen Schnittmaßnahmen bei Sauerkirsche, Pfirsich, Strauchbeerenobst, Kiwi und Tafeltrauben haben wir ebenfalls in diesem Buch für Sie zusammengestellt. Besonders herausstellen möchten wir die Erziehung von Johannis- und Stachelbeeren zu einer Dreiasthecke am Drahtgerüst. Diese Erziehung des Beerenobstes ist besonders in kleineren Gärten oder für ältere Hobbyobstanbauer sinnvoll, denn die meisten Arbeiten können im Stehen und ohne Bücken absolviert werden.

Viel Erfolg wünschen
Rolf Heinzelmann und
Manfred Nuber

Welches Obstgehölz passt in Ihren Garten?

Überlegen Sie vorab, wie viel Platz Sie Ihrem Strauch oder Baum im Garten zur Verfügung stellen können. Je nach Wuchsstärke des Gehölzes ergibt sich der benötigte Platzbedarf. Bedenken Sie dabei auch den notwendigen Grenzabstand, der durch das Nachbarrecht für jedes Bundesland geregelt wird.

Für eine erfolgreiche Obsternte muss Ihr Baum von allen Seiten gut belichtet werden. Das mindert auch das Auftreten von Krankheiten und Schädlingen, denn rasch abtrocknende Blätter haben weniger Pilzbefall. Wenn der zur Verfügung stehende Raum begrenzt ist, sollten Sie Bäume auf schwachen Unterlagen pflanzen (siehe Seite 6) und die schmale Spindelerziehung (siehe Seite 42) wählen. Bei großen Gärten und auf der Obstwiese sind stark wachsende Wurzelunterlagen mit breiteren Pyramidenkronen sinnvoller (siehe Seite 25). Bereits durch die Pflanzung einer bestimmten Wurzel- und Sortenkombination und den Pflanzschnitt legen Sie dauerhaft die spätere Größe und Form des Gehölzes fest.

Standort- und Pflanzenauswahl

Baum oder Strauch sollen von guter Qualität sein. In anerkannten Baumschulen erhalten Sie sortenechte und gesunde Pflanzen. Achten Sie darauf, dass die Baumschule, aus der die Jungbäume bezogen werden, in einer ähnlichen Klimaregion wie Ihr Garten mit vergleichbaren Bodenverhältnissen liegt. Dann ist ein optimales Anwachsen Ihrer Pflanze im Garten gewährleistet.

Die Jungpflanzen sollten schon geeignete Ansätze für das von Ihnen angestrebte Erziehungssystem zeigen. Bei Spindeln etwa sollten einjährige Veredelungen mit zahlreichen, flach abgehenden Verzweigungen bevorzugt werden. Bei sogenannter wurzelnackter Ware ist auf einen hohen Feinwurzelanteil zu achten.

Entscheidend ist die Wahl der richtigen Sorte mit möglichst geringer Anfälligkeit gegenüber Krankheiten und Schädlingen sowie regelmäßiger und schmackhafter Ernte.

Lehr- und Versuchsanstalten, obstbauliche Fachverbände und

Beratungsstellen für Obst- und Gartenbau geben Ihnen Auskunft über empfehlenswerte und standortgerechte Obstsorten (siehe Seite 91).

> Überlegungen zu Platz- sowie Standortverhältnissen und Erntewünsche ergeben die passende Erziehungsform bzw. Obstsorte für Ihren Garten.

Unterlagen

Die meisten Obstarten sind bei einer Vermehrung über Samen (generative Vermehrung) nicht sortenecht. Demzufolge ist eine vegetative Vermehrung (über Pflanzenteile) notwendig. Dies geschieht durch Veredelung auf geeignete Unterlagen. Wichtig ist der unterschiedliche Einfluss, den die Unterlage auf den jeweils veredelten Pfropfpartner ausübt. Wuchsstärke, aber auch Reifeverlauf und Fruchtqualität werden beeinflusst. Die ungefähre Baumgröße kann durch die Unterlagenwahl mitbestimmt werden. Durch jahrzehntelange Züchtung und Auslese wurden viele verschiedene Unterlagen gefunden, die enormen Einfluss auf das Wachstum und die zu erwartende Endgröße des Baumes haben. So kommt für stark wachsende Unterlagen die Pyramidenkrone in Frage, während die Spindel überwiegend auf einer schwachen Unterlage steht.

Die sogenannten **Sämlingsunterlagen** werden aus Saatgut gezogen. Ihr Vorteil liegt in einer reichlich verzweigten Wurzel und damit einer guten Standfestigkeit. Zudem sind sie, was den Standort betrifft, anspruchslos. Charakteristisch ist der starke Wuchs, wodurch ein großer Baum entsteht, aber leider auch der Ertragsbeginn verzögert wird. Sämlingsunterlagen finden aufgrund ihrer Wuchsstärke bei Hoch- und Halbstammbäumen in Obstwiesen und großen Gärten Verwendung.

Alle **schwach wachsenden Unterlagen** werden vegetativ vermehrt. Triebe der Mutterpflanzen werden durch Anhäufeln bewurzelt und als Abrisslinge weiter vermehrt. Die Jungpflanzen haben exakt die gleichen Eigenschaften wie die Mutterpflanze. Schwach wachsende Unterlagen bewirken ein deutlich reduziertes Kronenwachstum. Sie haben eine geringere Wurzelverzweigung, was eine geringere Standfestigkeit zur Folge hat. Sie benötigen über die ganze Lebenszeit einen Stützpfahl. Sie sind anspruchsvoller an den Standort und häufig frostempfindlicher.

Johannis- und Stachelbeeren wachsen normalerweise auf

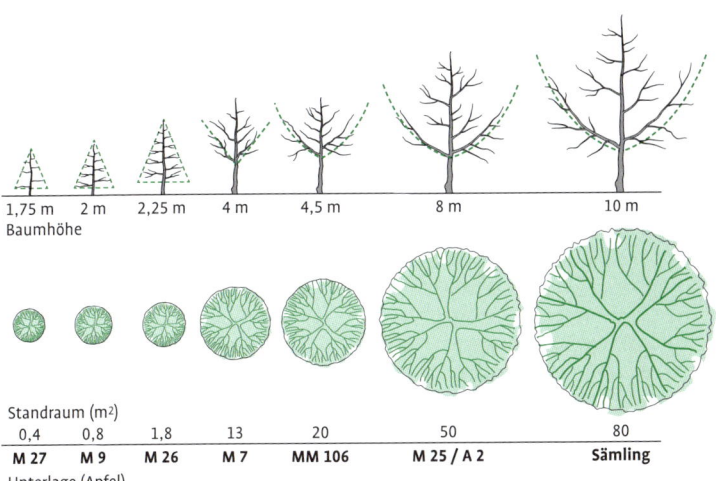

Unterlagen, wie hier am Beispiel Apfel, beeinflussen die Obstgehölze in ihrer Wuchsstärke und Standfestigkeit, haben aber auch Einfluss auf Reifezeit, Fruchtqualität und Frosthärte.

eigener Wurzel. Aufgrund des Zierwertes und der leichteren Ernte werden aber auch Hochstämmchen herangezogen, für die stammbildende Unterlagen (z. B. Goldjohannisbeere oder Josta) erforderlich sind.

Schwachwachsende Unterlagen für Kirschen sind Gisela 5 oder Weiroot, bei Birnen werden Quittenunterlagen verwendet.

Wavit oder Waxwa sind gängige Zwetschgenunterlagen.

Pflanzung

Achten Sie beim Pflanzen darauf, dass die Veredelungsstelle über dem Boden bleibt. Sie sollte etwa eine Handbreit, also etwa 10 cm, über der späteren Erdoberfläche liegen. Verschwindet die Veredelungsstelle im Boden, können sich „sorteneigene Wurzeln" bilden, welche ein unkontrolliertes Wachstum des Baumes verursachen. Diese Wurzeln sind immer stark wachsend und würden das Wuchsverhalten etwa einer schwachen Unterlage unterdrücken.

Welches Obstgehölz passt in Ihren Garten?

> Bei der Pflanzung soll das Wurzelvolumen dem Kronenvolumen eines Baumes entsprechen und die Veredlungsstelle darf nicht im Boden verschwinden.

Für ein sicheres Anwachsen der Obstbäume gilt die Regel: Wurzelvolumen entspricht dem Kronenvolumen. Beide müssen sich in der Ausdehnung einigermaßen entsprechen, um ein ausgewogenes Wachstum zu gewährleisten.

Aus diesem Grund ist es notwendig, nach der Pflanzung die Krone zu reduzieren und dem geringeren Wurzelvolumen der Pflanze anzupassen.

Bei Wühlmausproblemen ist es ratsam, in das Pflanzloch einen Drahtkorb zu legen. Der Draht muss dann nach dem Pflanzen oben dicht an den Stamm angelegt werden, um ein Eindringen der Mäuse von oben zu verhindern. Achten Sie darauf, dass der Drahtkorb groß genug ist, damit die Wurzeln ihn nicht zu schnell durchwachsen.

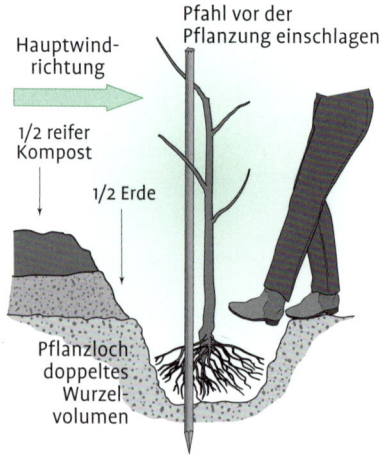

Wachstumsgesetze

Alle Gehölze in der Natur folgen bestimmten Wachstumsgesetzen. Diese Gesetze beschreiben Reaktionen auf bestimmte äußere Einflüsse, wie z.B. Astbruch durch Wind oder Schneelast. Sie dienen dazu, dass die natürlich vorgegebene Krone gebildet wird und erhalten bleibt. Das genaue Studieren und Verstehen dieser natürlichen Wachstumsgesetze ist die Grundvoraussetzung für den richtigen Schnitt.

Die Wuchsstärke eines Triebes wird beispielsweise beeinflusst durch seine Dicke, Länge, seinen Abgangswinkel und seinen Sitz innerhalb der Krone. Da Wachstum und Fruchtbildung um dieselben Ressourcen des Baumes konkurrieren, bedingt kräftiges Wachstum automatisch weniger Ertrag und umgekehrt. Mit vegetativen Langtrieben vergrößert das Gehölz sein Volumen, an generativen Kurztrieben werden die Früchte gebildet.

Durch vorausschauende Schnitteingriffe beeinflussen Sie gezielt das Wachstum Ihrer Obstgehölze.

> - Höher liegende Triebe wachsen stärker als Triebe, die sich weiter unten in der Krone befinden.
> - Je steiler ein Trieb steht, desto stärker ist sein Wachstum.
> - Je dicker ein Ast ist, umso kräftiger ist sein Wachstum.

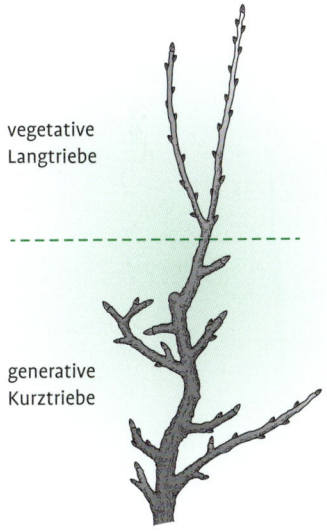

vegetative Langtriebe

generative Kurztriebe

Spitzenförderung

Die am höchsten angeordneten Knospen und Triebe wachsen generell am stärksten. Überlässt man eine Obstbaumkrone sich selbst, entsteht aus diesem Grund ein umgekehrt pyramidaler Aufbau. Die Krone wächst oben stärker als unten, sie *überbaut*, und es entwickelt sich ein Schattendach. Bedingt durch Licht- und Nährstoffmangel verkahlen die unteren Kronenbereiche. Dadurch wandert die Überbauung und somit die Ertragszone stetig nach oben.

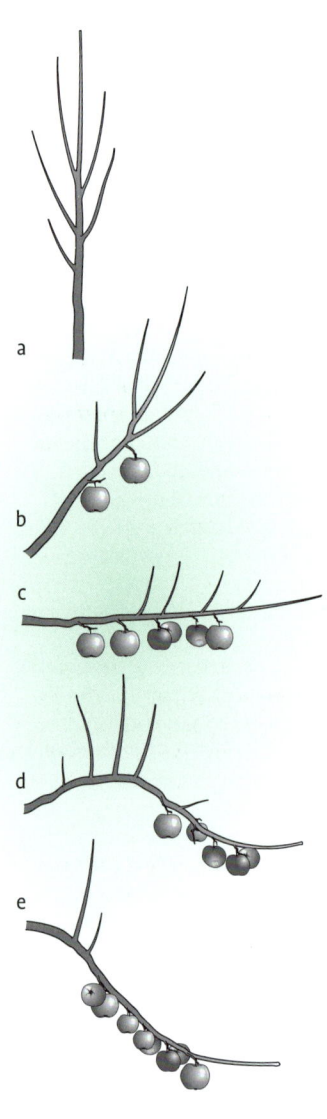

(a, b) Spitzenförderung: Die höchsten Knospen und Triebe wachsen am stärksten. Der senkrechte Trieb (a) wächst stark und hat keine Frucht, der etwas flachere Ast (b) wächst weniger und beginnt zu fruchten.

(c) Oberseitenförderung: Oben liegende Triebe werden gleichmäßig gefördert (Fruchtast).

(d) Scheitelpunktförderung: Triebe am Scheitelpunkt wachsen am stärksten.

(e) Basisförderung: Bei nach unten gekippten Zweigen wachsen Triebe an der Basis am stärksten.

Oberseitenförderung

Bei waagrecht stehenden Ästen erhalten die oben liegenden Knospen und Triebe eine gleichmäßige Förderung. Sie werden ähnlich stark austreiben.

Scheitelpunktförderung

Die Triebe senken sich im Laufe ihres Wachstums und mit zunehmendem Alter unter der Last der Früchte ab. Am Scheitelpunkt der nach unten gebogenen Äste entsteht eine starke Förderung des Triebwachstums.

Basisförderung

Kippt ein Fruchtast in Folge des Fruchtgewichts ganz nach unten ab, stellt die Basis den höchsten Punkt dar und ist somit triebgefördert.

Verhältnis zwischen Krone und Wurzel

Eine voll entwickelte, vitale, in Wuchs und Ertrag ausgeglichene Krone hat eine aktive, gut mit Energie- und Reservestoffen versorgte Wurzel als Grundlage. Dementsprechend steht einer ungepflegten, vergreisten Krone eine mangelhaft ernährte, schlecht mit Faserwurzeln versehene Wurzel gegenüber.

Wurzel und Spross befinden sich in einem dynamischen, physiologischen Gleichgewicht, das durch äußere Einwirkungen beeinflusst werden kann. Bei einer sehr guten Nährstoffversorgung etwa mit Stickstoff bleibt die Wurzel im Vergleich zur Krone im Wachstum zurück, da die oberirdischen Teile durch diesen Nährstoff stärker gefördert werden.

Entnimmt man einem angewachsenen Baum – bei unverändertem Wurzelvolumen – zu viele stärkere Teile aus der Baumkrone, so wird der Baum den Verlust durch Neuaustrieb wieder ausgleichen. Starker Rückschnitt führt schlagartig zu einem Übergewicht der Wurzel. Der Baum versucht das Gleichgewicht wieder zu erreichen, indem er kräftige, steil stehende, überlange Triebe, insbesondere an den Astenden, und zahlreiche Wasserschosse im Kroneninnern bildet.

Erfährt ein Gehölz eine deutliche Wurzelreduzierung, beispielsweise durch Wühlmausfraß, wird sich dies durch Wachstumsstockungen bis hin zum Absterben auswirken. Sind Wachsen und Fruchten einigermaßen im Einklang, spricht man vom physiologischen Gleichgewicht zwischen Wurzel und Krone.

Zusammenhang zwischen Kronen- und Wurzelvolumen.

Durch sinnvolle Pflegemaßnahmen kann man dem Obstgehölz helfen, dieses Gleichgewicht zu erreichen.

Eine gegenüber der Krone etwas stärkere Wurzel verbessert Fruchtqualität und Trieberneuerung.
Eine starke Wurzel mit zu schwacher Krone führt zu unkontrolliertem Wachstum.

Schnittgesetze

Ein starker Rückschnitt führt zu einem starken Austrieb aus wenigen verbleibenden Knospen. Wird nur wenig oder nicht zurückgeschnitten, bleibt eine Vielzahl von Knospen erhalten, die schwach austreiben, da sich die Energie auf viele „Verbraucher" verteilen muss. Energieverbraucher in der Krone sind dabei auch die Früchte. Viel Ertrag bedeutet deshalb wenig Wachstum. Wenig Ertrag hingegen bedeutet starkes Wachstum.

Schnittgesetze 13

1.Jahr 2.Jahr	1.Jahr 2.Jahr	1.Jahr 2.Jahr
ohne Rückschnitt	nach schwachem Rückschnitt	nach starkem Rückschnitt

Reaktion auf Schnittstärke: Je stärker der Rückschnitt, desto stärker der Austrieb.

Schneidet man Gerüstäste in einer Krone unterschiedlich hoch zurück, tritt das Gesetz der Spitzenförderung (siehe Seite 10) in Kraft. Die höher stehenden Knospen treiben stärker aus und die Krone entwickelt sich ungleichmäßig. Diese Tatsache erklärt den Rückschnitt der Leitäste auf Saftwaage. Siehe Pflanzschnitt bei der Pyramidenkrone auf Seite 30.

Grundsätzlich bewirkt der Rückschnitt eines einjährigen Triebes immer Verzweigung. Dies kann beim Pflanzschnitt für eine Pyramidenkrone gewollt sein. Werden aber bei einem Baum, der in den Ertrag kommen soll, alle einjährigen Triebe angeschnitten, führt dies zu einer dichten, stark triebbetonten Krone, die keine Blütenknospen ausbilden wird.

Schwacher Rückschnitt = schwacher Austrieb aus vielen Knospen.
Starker Rückschnitt = starker Austrieb aus wenigen Knospen.

Warum Obstbäume schneiden?

Der junge Baum würde auch ohne unser Zutun aufwachsen, von der Wachstums- in die Ertragsphase wechseln und nach einer mehr oder weniger langen Zeit des Fruchtens absterben. Wenn ein Obstbaum allerdings keinen Erziehungsschnitt erfährt, wird er – den natürlichen Wachstumsgesetzen folgend – einen hohen und spitzenbetonten Kronenaufbau anstreben. Dieser Aufbau ist weniger belastbar und für eine reiche Ernte nicht optimal gerüstet. Die Kronen von Halb- und Hochstämmen müssen im Vollertrag oft mehrere Zentner Obst tragen. Dafür benötigen sie starke, gut verankerte Gerüstäste, die diesem Gewicht gewachsen sind und eine optimale Belichtung der Krone gewährleisten.

Eine gut belichtete Krone mit gesunden, optimal ernährten Blättern ist die Voraussetzung für gute Fruchtqualität. Gut belichtete Früchte schmecken besser, haben mehr Farbe und sind gesünder. Außerdem trocknen die Blätter einer lichten Krone schneller ab, was Pilzkrankheiten (Schorf, Mehltau, Obstbaumkrebs) entgegenwirkt. Das Gehölz bleibt vital und verkahlt nicht im Inneren. Durch die Entfernung von überbauenden Ästen im oberen Kronenbereich bleibt die Ertragszone im interessanten unteren Bereich erhalten.

Regelmäßiger, fachlich richtiger Schnitt wirkt auch ungünstiger Alternanz (Wechsel von Vollertrag und Nullertrag) entgegen. Das über mehrere Jahre erzogene Baumgerüst wird das ganze Baumleben hindurch erhalten und gibt auch eine gute Orientierung bei künftigen Schnitteingriffen.

Ohne Schnitt geht ein Obstgehölz zu früh in die fruchtbare Phase über und das Triebwachstum nimmt dementsprechend schnell ab. Der Obstbaum überaltert vorzeitig, er vergreist, und seine Lebenszeit ist dadurch verkürzt. Gezielte Schnitteingriffe beim sogenannten Erneuerungsschnitt bewirken neue Austriebe und erhalten das Gleichgewicht

Schnittmaßnahmen verlängern die Lebensdauer eines Gehölzes und fördern die Vitalität.

aus Wachsen und Fruchten (physiologisches Gleichgewicht). Es versteht sich von selbst, dass durch Schnittmaßnahmen kranke Pflanzenteile entfernt werden und die Zugänglichkeit der Baumkrone, etwa zum Stellen einer Leiter, erhalten bleibt.

Schnittwerkzeuge

Damit Sie einen fachgerechten Schnitt an Obstgehölzen durchführen können, sind bestimmte Schnittwerkzeuge notwendig. Im Garten und in der Obstwiese kommen abhängig von der Baumhöhe oder Aststärke verschiedene Messer, Scheren und Sägen zum Einsatz. Geräte von guter Qualität erleichtern die Arbeit und sorgen für saubere Schnitte. Das Angebot von Gartenwerkzeugen ist sehr groß, generell gilt aber: Hochwertige sowie langlebige Geräte haben ihren Preis und nicht immer ist das günstigste Produkt die richtige Wahl.

Scheren

Ein großer Teil der Schnittarbeiten wird mit verschiedenen Scheren bewältigt.

Handscheren
Mit der Hand- oder Baumschere (a) können Äste bis etwa 1,5 cm Durchmesser problemlos geschnitten werden. Grundsätzlich unterscheidet man Bypass- und Ambossscheren. Da sich bei der Bypassschere beide Klingen bewegen, erzielt man einen glatten, sauber geführten Schnitt. Ambossscheren haben nur eine Klinge, die sich auf den starren Amboss zubewegt, dadurch kann es bei verholzten Trieben schneller zu Quetschungen kommen. Wichtig ist, dass alle Teile auswechselbar und einzeln zu beziehen sind. Übrigens gibt es auch Handscheren für Linkshänder. Inzwischen existieren auch leistungsstarke Akkuscheren, die sich aber nur für Besitzer einer größeren Obstanlage lohnen, da sie in der Anschaffung sehr teuer sind.

Astscheren
Für stärkere Zweige bis etwa 5 cm Durchmesser, insbesondere auch beim Beerenobst, eignen sich Astscheren. Auch hier ist, aus oben genannten Gründen, eine Bypass- (b) der Ambossschere (c) vorzuziehen. Astscheren gibt es in unterschiedlichen Längen. Je länger die Holme sind, umso größer ist die Kraft, die man ausüben kann. Allerdings ist eine weit geöffnete Astschere mit langen Holmen z. B. in der Krone sperrig. Außerdem verbiegen diese im Dauereinsatz leichter. Alternativ gibt es Astscheren mit in der Länge verstellbaren Holmen.

Teleskopscheren

Höhenverstellbare Teleskopscheren (d) ermöglichen einen Schnitt in älteren Baumkronen ohne die Benutzung von Leitern. Diesen großen Vorteil erkauft man sich aber mit einer nicht immer ganz exakten Schnittführung. Beim Einsatz dieses Werkzeugs bleibt es nicht aus, dass kleinere Stummel stehen bleiben.

Sägen

Bügelsägen

Bügelsägen (e) mit verstellbarem Sägeblatt sind die klassischen Werkzeuge in der Obstbaum-

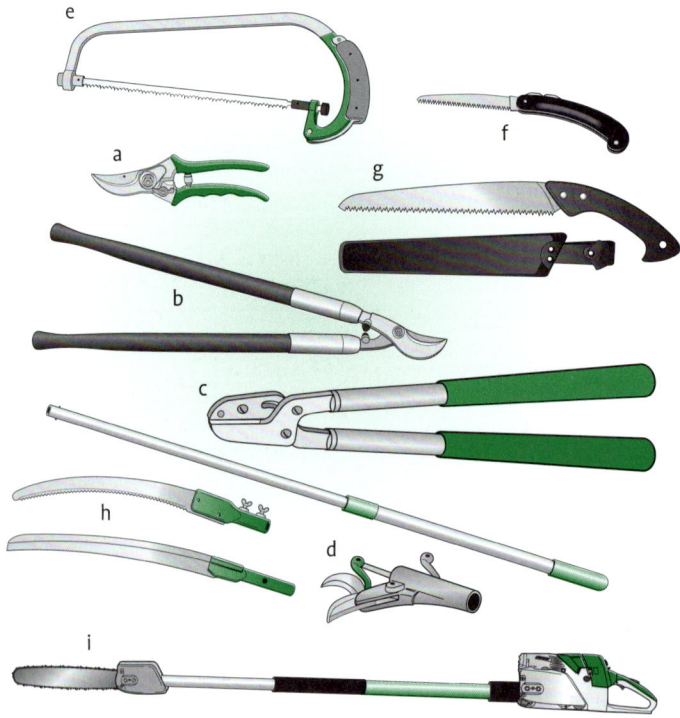

Schnittwerkzeuge.

pflege, mit denen man auch stärkere Äste in der Krone entfernen kann. Sie sind für präzises, leichtes Sägen in höheren Baumkronen geeignet. Durch die Verstellmöglichkeit des Sägeblattes kann man Hindernissen leicht ausweichen und sauber auf Astring schneiden.

Zugsägen

Zugsägen werden nur in eine Richtung nach hinten geführt. Sie ermöglichen sehr schnelle und saubere Schnitte und sind in dichten Kronen wegen ihrer geringen Größe von Vorteil. Durch den innenliegenden Schliff der einzelnen Zähne bleiben diese Werkzeuge lange scharf.

Lässt sich das Sägeblatt wie bei einem Taschenmesser in den Griff einklappen, spricht man von einer Klappsäge (f). Es gibt auch Schwertsägen (g) mit starrem Sägeblatt, welches in einem Köcher ebenso gefahrlos transportiert werden kann. Beide Typen sollten sich mit nur einer Hand öffnen bzw. entnehmen lassen, da man auf der Leiter die zweite Hand zum Festhalten braucht.

Teleskopsägen (h)

Die Teleskopschere mit verstellbarer Verlängerung lässt sich auch mit einer Zugsäge kombinieren, sodass stärkere Äste vom Boden aus sauber und schnell entfernt werden können.

Gut gepflegtes und sauberes Werkzeug verursacht weniger Krankheiten, hinterlässt ordentliche Schnittränder und erleichtert die Arbeit.

Hochentaster (i)

Eine kleine Motorsäge an einer verstellbaren Teleskopstange ermöglicht Schnitte vom Boden aus bis in etwa 5 m Höhe. Die Handhabung verlangt aber viel Übung und ein sauberer Schnitt auf Astring ist nicht immer gewährleistet. Da ein Hochentaster schnellstes Arbeiten ermöglicht, muss man streng darauf achten, dass nicht mehr Äste entfernt werden als ursprünglich vorgesehen. Hochentaster sind zur Arbeitserleichterung im Bereich der Altbaumsanierung hervorragend geeignet, lohnen sich aber aufgrund ihres hohen Anschaffungspreises nur für ausgesprochene Vielschneider. Inzwischen sind auch Hochentaster mit elektrischem Akkuantrieb auf dem Markt.

Messer

Als Ergänzung zu Scheren und Sägen empfiehlt sich ein scharfes Messer. Mit ihm können bei Bedarf Wundränder etwas nach- und z. B. Krebsstellen ausgeschnitten werden.

Schnitttechniken

Es gibt verschiedene Möglichkeiten, einen Ast zu entfernen. Je nach dem, was man bezwecken will, kann die eine oder andere Methode sinnvoll sein. In den meisten Fällen wird man aber einen Trieb auf Astring entfernen.

Schnitt auf Astring
Soll ein Ast ganz entfernt werden und es soll dort nicht zu einem Neuaustrieb kommen, so belässt man nur den Astring. Dieser Wulst beinhaltet teilungsfähige Zellen und hilft, die Wunde rasch wieder zu schließen.

Schneiden auf Astring.

Schnitt auf schrägen Stummel
Möchte man, dass dort, wo ein Trieb entfernt wurde, ein neuer Trieb gebildet wird, so schneidet man auf einen schrägen Stummel. Es kann dann mit einem relativ flachen Neuaustrieb an der Unterseite des Stummels gerechnet werden.

Solche flachen Austriebe werden rasch mit Blütenknospen besetzt und bringen reichlich Früchte, bei geringem Wachstum.

Schneiden auf schrägen Stummel.

Schnitt auf Zapfen

Um bei empfindlichen Obstarten (z. B. Kirsche) das Eindringen von Bakterien oder Pilzen in den Stamm zu verhindern, wird manchmal bewusst ein Zapfen belassen. Der Baum kann dann eindringende Erreger im Bereich des Zapfens stoppen. Es stirbt dann nur der vordere Bereich des Zapfens ab, der Stamm bleibt aber frei von Infektionen. Je dicker der zu entfernende Ast ist, umso länger muss der Zapfen sein.

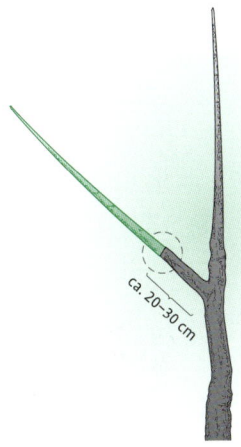

Schneiden auf Zapfen.

Reißen

An der Spitze der Gehölze oder bei zu triebigen Gehölzen hat man auf der Astoberseite oft zu viel Triebwachstum. Beim Schnitt auf Astring oder Stummel treiben dort aus den schlafenden Augen meist zu viele neue Triebe. Beim Reißen von Trieben hingegen werden die schlafenden Augen an der Triebbasis mit ausgerissen. Obwohl die Wunde sehr unschön aussieht, verheilt sie dennoch sehr rasch und gesund. Das Reißen darf man aber nur dort anwenden, wo man sicher keinen Neuaustrieb mehr haben möchte.

Absägen eines starken Astes

Beim Entfernen stärkerer Äste kommt es leider häufig zum Ausschlitzen der Wunde, da der Ast zu schwer zum Festhalten war. Um dies zu verhindern gehen Sie schrittweise entsprechend

Reißen.

Warum Obstbäume schneiden?

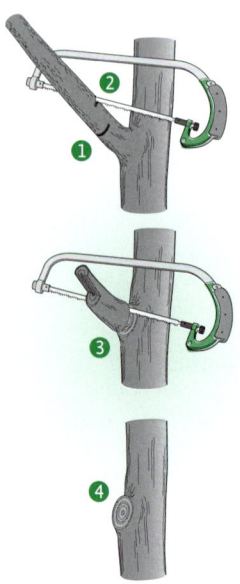

Absägen eines starken Astes.

der Zeichnung vor. Entfernen Sie zuerst den Großteil des Astes in einiger Entfernung vom Stamm. Dazu von unten den Ast ansägen, um das Ausschlitzen zu verhindern (1), dann den Ast von oben durchsägen (2). Den Aststumpf kann man dann leicht festhalten, während man den endgültigen Schnitt auf Astring durchführt (3).

Schnittzeitpunkt

Früher wurden Obstbäume fast ausschließlich im Winter geschnitten. Der Hauptgrund dafür lag vor allem darin, dass nur in dieser Jahreszeit die notwendige Zeit vorhanden war. Da es sich meist um Bauern oder anderweitig im Gartenbau tätige Personen handelte, gab es vom Frühjahr bis zum Spätherbst keine Gelegenheit für Schnittarbeiten an den Obstgehölzen. Nur von Januar bis März fand man die Zeit, die Bäume zu schneiden, danach ging es wieder auf dem Feld oder im Garten mit der Bestellung der Äcker und Beete los. Auch heute noch meinen deshalb viele Personen, dass nur der Winter für den Gehölzschnitt geeignet sei. Das ist falsch. Es spricht aus Gründen der Pflanzengesundheit und der ruhigeren Triebreaktion sehr viel für den Schnitt im belaubten Zustand.

Pflegemaßnahmen im belaubten Zustand

Im belaubten Zustand durchgeführte Schnittmaßnahmen verheilen besser und schneller, da die Pflanze sofort beginnen kann, die Wundränder wieder zu schließen. Solange sie noch im Saftfluss geschnitten wird, wehrt sie sich gegen eindringende parasitäre Krankheiten durch die Produktion von Gerbstoffen. Diese Stoffe werden mit Hilfe von Wasser als Transportmedium an die Schnittstelle herangebracht und bilden eine regelrechte „Verteidigungslinie", die der eindringende Erreger erst einmal überwinden muss, wenn er tiefer in das Holz vordringen will.

Mit dem Schnitt im Sommer wird außerdem die Assimilationsfläche reduziert, was das Triebwachstum deutlich beruhigt. Je häufiger im Sommer geschnitten wird, umso ruhiger und fruchtbarer wird der Baum.

Sie selbst sehen beim Schnitt schneller, wo die Krone zu dicht ist und wo eine bessere Belichtung nötig ist. Außerdem sorgt die bessere Belichtung der Früchte für eine deutlich bessere Ausfärbung und Aromabildung. Manche Krankheiten, bei denen die Befallsstellen schnellstmöglich entfernt werden sollten (z. B. Apfelmehltau), erkennt man nun ebenfalls sehr leicht.

Juniriss
Im Frühsommer können ab Ende Mai bis Ende Juni Formierungsarbeiten durchgeführt werden. So lassen sich zu steil stehende Austriebe nun leicht flach stellen oder herunterbinden, da sie noch sehr biegsam sind und nicht so leicht brechen. Nicht benötigte vegetative Langtriebe (Wasserschosse) sollten jetzt ausgerissen werden, da die Wunden nun am besten verheilen und durch das Entfernen der schlafenden Augen keine lästigen Nachtriebe gebildet werden.

> Schnittwunden heilen im Sommer schneller und das Triebwachstum wird beruhigt.

Sommerschnitt
Ab Mitte August kann mit dem eigentlichen Sommerschnitt begonnen werden. Fängt man schon früher damit an, kann es zu einem unerwünschten Austrieb der schlafenden Augen oder der

Juniriss.

> Alle früh reifenden Obstarten wie Süßkirschen, Pfirsiche, frühe Sorten von Apfel, Birne oder Zwetschge können im Sommer komplett fertig geschnitten werden.

bereits fürs nächste Frühjahr gebildeten Blütenknospen kommen. Ein zu früher Start erhöht auch das Risiko von Sonnenbrandschäden auf den Früchten. Bei Hagel kann es zu größeren Fruchtschäden kommen, wenn die schützenden Triebe mit ihren Blättern zu früh beseitigt wurden.

Äste, die keine Früchte tragen, können bereits im Sommer fertig geschnitten werden. Dort, wo aber noch Früchte hängen, kann erst im nächsten Winter der endgültige Schnitt erfolgen. In Jahren mit erhöhtem Feuerbrandrisiko sollte bei Apfel, Birne und Quitte auf den Sommerschnitt verzichtet werden, um den Erreger nicht im Bestand zu verteilen.

Schnitt im unbelaubten Zustand

Ein Vorteil des Schnitts im unbelaubten Zustand ist, dass viele Bereiche im Baum besser zu

Senkrechte Triebe entweder ganz entfernen oder, wenn einer Verkahlung vorgebeugt werden soll, auf 10 cm einkürzen.

erkennen sind, wie z. B. die Aststellung, das Alter eines Zweiges oder kranke Stellen, die entfernt werden müssen. Es sollten im Winterhalbjahr nur die Schnittarbeiten durchgeführt werden, die man nicht schon im Sommer davor hätte machen können. Der Winterschnitt fördert das Triebwachstum und er sollte deshalb nur dort verstärkt zur Anwendung kommen, wo mehr Wachstum erwünscht ist, wie beispielsweise bei frühzeitig vergreisten Bäumen.

Im Herbst holt die Pflanze alle brauchbaren und mobilen Bestandteile aus den Blättern heraus und lagert sie im Starkastbereich, Stamm und insbesondere im Wurzelstock ein. Diese Stoffe dienen dem Baum als Schutz vor starken Winterfrösten und sie werden im nächsten Frühjahr zum Neuaustrieb benötigt. Es sollte deshalb ab der Laubfärbung bis etwa Mitte Dezember gar kein Schnitt erfolgen, da dem Gehölz sonst diese wertvollen Reservestoffe fehlen. Außerdem können im Herbst Bakterien (z. B. *Pseudomonas*) oder holzzerstörende Pilze (z. B. Obstbaumkrebs) sehr leicht in frische Schnittwunden eindringen, denn die Pflanze kann sich ohne Saftfluss nicht gegen die eindringenden Feinde wehren.

Je nach Witterung und Höhenlage kommt ab Februar / März der Saftfluss wieder in Gang. Damit kann sich der Baum auch wieder besser gegen Pilze und andere parasitäre Krankheiten wehren. Die im Winter erforderlichen Schnittarbeiten sollten deshalb möglichst erst ab Ende Januar oder noch besser erst im März durchgeführt werden. Selbst bis in die Vollblüte hinein kann noch geschnitten werden, wenngleich es schwer fällt, Zweige wegzuschneiden, die schon die Blüte zeigen. Ein später Schnitt hat jedoch den Vorteil, dass man die schon dicker werdenden Blütenknospen wesentlich leichter von den schmalen Triebknospen unterscheiden kann.

> Ab der Laubfärbung bis etwa Mitte Dezember sollte nicht geschnitten werden, da das Gehölz Zeit braucht, um Reservestoffe in Holz und Wurzeln einzulagern.

Baumformen

Apfel, Birne, Zwetschge und Süßkirsche lassen sich als Pyramide, Spindel oder Spalier erziehen, den jeweiligen Schnitt finden Sie bei der entsprechenden Erziehungsform. Säulenförmig wachsende Apfelsorten müssen kaum geschnitten werden (siehe Seite 55). Die Besonderheiten bei Pfirsich und Sauerkirsche finden Sie ab Seite 57.

Während Pyramidenkronen nur in großen Gärten und auf der Obstwiese ausreichend Standraum finden, können kleinere Baumformen wie die Spindel auch in kleinen Gärten gepflanzt werden. Man hat zusätzlich den Vorteil, auch bei beengten Platzverhältnissen mehrere unterschiedliche Sorten ausprobieren zu können.

Pyramidenkrone   Spindel   Dreiasthecke   Säulenform

Pyramidenform

Die Pyramidenkrone setzt sich aus dem Stamm, den drei bis vier Leitästen und der Stammverlängerung zusammen. An den Leitästen und der Stammverlängerung befinden sich die Fruchtäste. Der Baum durchläuft eine Jugendphase mit Pflanz- und Erziehungsschnitt, eine Ertragsphase mit mehr oder weniger regelmäßigem Erhaltungsschnitt sowie eine Altersphase, in der ein Erneuerungsschnitt notwendig werden kann.

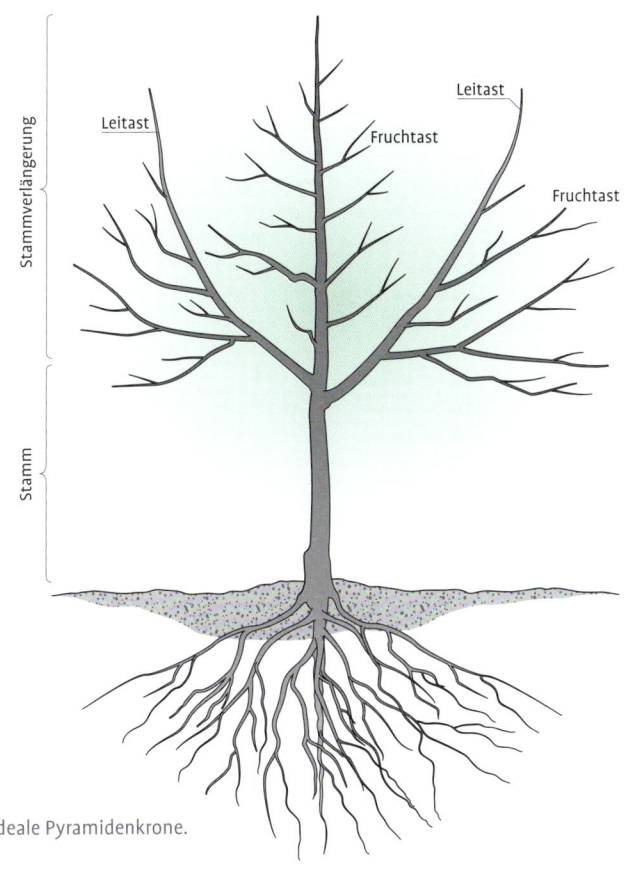

Ideale Pyramidenkrone.

Der **Stamm** reicht von der Veredlungsstelle bis zum Kronenansatz. Er sollte möglichst gerade, kräftig und frei von Beschädigungen oder Wunden sein, damit er das Kronengewicht tragen kann.

Die Stammlänge bis zum Ansatz der Leitäste wird in der Regel bereits von der Baumschule durch Aufasten des jungen Baumes bis zur gewünschten Höhe festgelegt.

Der Stamm wird beim Wachsen des Baumes nur noch dicker, aber nicht mehr länger. Das heißt, dass z. B. ein Ast, der sich beim Erziehungsschnitt in 1,80 m Höhe befindet, auch noch nach 30 Jahren in derselben Höhe vom Stamm abgeht. Die Rinde ist in der Jugend glatt und erhält erst im Alter durch einsetzendes Dickenwachstum die typische raue Borkenstruktur.

Die **Stammverlängerung** ist die Mitte der Krone (Mitteltrieb). Sie steht zentral über dem Mittelpunkt des gesamten Wurzelsystems und trägt wie die Leitäste viele Fruchtäste. Sie wird zur Höhenbegrenzung des Baumes alle paar Jahre eingekürzt.

Die **Leitäste** haben die Aufgabe, das Wachstum des Baumes, welches sonst überwiegend in die Stammverlängerung und damit in das Höhenwachstum gehen würde, in die Breite zu leiten, daher auch der Name. Sie sollen möglichst gerade und sehr kräftig ausgebildet sein, da sie das Gewicht der Früchte und der Fruchtäste tragen müssen. Es sollten drei bis vier Leitäste vorhanden sein, die im Winkel von 45° bis 50° schräg nach oben wachsen und dauerhaft im Baum verbleiben, da sie nicht ausgetauscht bzw. ersetzt werden können.

Die **Fruchtäste** gehen mehr oder weniger waagerecht aus den Leitästen und der Stammverlängerung hervor, wachsen langsam, aber stetig, blühen und fruchten. Sie werden beim Schnitt regelmäßig verjüngt, ausgeglichen, zurückgeschnitten oder ausgetauscht. Das heißt: Sie sind nicht dauerhaft vorhanden, sondern werden von Zeit zu Zeit ganz entfernt und wieder neu aufgebaut.

Pflanzschnitt

Gepflanzt wird bevorzugt im Spätherbst, aber auch im Winter und zeitigen Frühjahr ist dies noch möglich. Es muss dann aber im ersten Jahr deutlich mehr gegossen werden. Der Pflanzschnitt wird zur Vermeidung von Frostschäden am besten erst im März durchgeführt.

Die gewünschte Stammlänge (Halb- oder Hochstamm) orientiert sich an der Art der Unternutzung. Sie wird bereits durch den Kauf eines entsprechend hoch aufgeasteten Baumes in der Baumschule festgelegt

Neupflanzung vor und nach dem Schnitt.

und normalerweise nicht mehr verändert. In besonderen Fällen (hohe Schlepperdurchfahrtshöhe, markanter Hofbaum) kann durch ein weiteres Aufasten in den ersten zwei Standjahren ausnahmsweise der Kronenansatz noch höher gewählt werden. Grundsätzlich ist jedoch eine niedrigere Stammhöhe wegen der später einfacheren Baumbewirtschaftung vorzuziehen.

Stammverlängerung und Leitäste

Die Stammverlängerung und die Leitäste bilden das Grundgerüst der Krone. Sie tragen die Fruchtäste. Durch einen klaren Aufbau der jungen Krone werden die späteren Arbeiten erleichtert. Der Baum bringt aus der Baumschule normalerweise fünf bis acht gesunde, einjährige Triebe mit, welche in mehr oder weniger steilem Winkel schräg nach oben stehen. Oft sind direkt unterhalb der Stammverlängerung ein oder zwei sehr steile, sogenannte Konkurrenztriebe vorhanden, welche später ausschlitzen (ausreißen) würden. Sie sind ungeeignet und deshalb sofort zu entfernen.

Beim Pflanzschnitt werden als erstes neben der zukünftigen

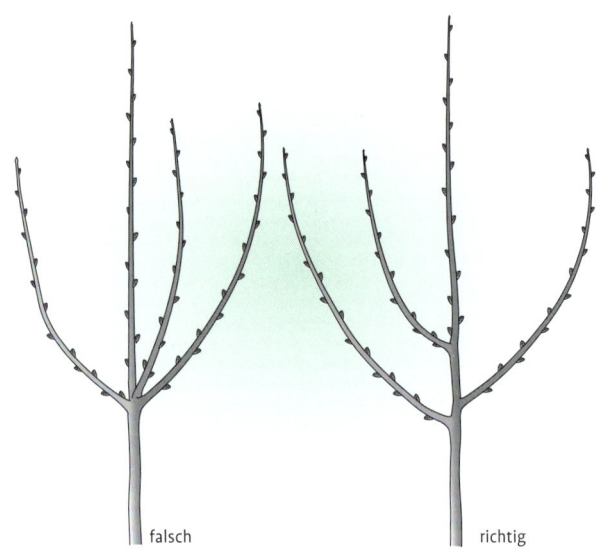

falsch   richtig

Höhenversatz der Leitäste.

Stammverlängerung die Leitäste bestimmt. Als optimal haben sich drei bis vier Leitäste bewährt. Diese müssen kräftig, gesund und möglichst gleichmäßig um den Stamm verteilt sein. Jeder Leitast muss so viel Platz haben, dass er sich später bis ins Zentrum der Krone mit gut belichteten Fruchtästen garnieren kann. Außerdem ist ein deutlicher Höhenversatz von wenigstens 10 cm (siehe Abbildung oben) sinnvoll. Dies verhindert, dass später ein Quirl entsteht, der die Gerüstäste und den Mitteltrieb abschnüren könnte. Wenn Sie eine Obstwiese bewirtschaften, sollten die Leitäste nicht rechtwinklig in die Fahrgasse ragen.

Als nächstes prüfen Sie die Astabgangswinkel. Diese haben enormen Einfluss auf die spätere Triebleistung und die Fruchtbarkeit. Sie sollten nicht steiler als 45°, aber auch nicht flacher als 60° sein.

Die Leitäste, welche nicht von sich aus den richtigen Astabgangswinkel haben, müssen durch entsprechende Schnurbindungen bzw. Spreizhölzer flacher gestellt oder im umgekehrten Fall durch eine Schnur hochgebunden

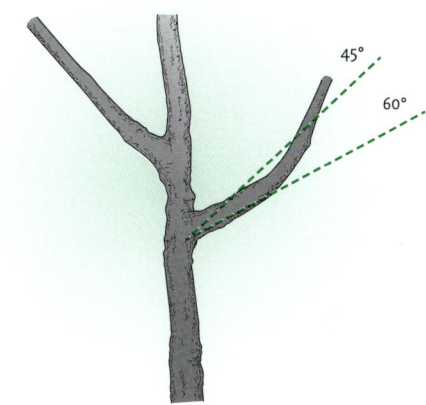

Der Astabgangswinkel ist zwischen 45° und 60° optimal.

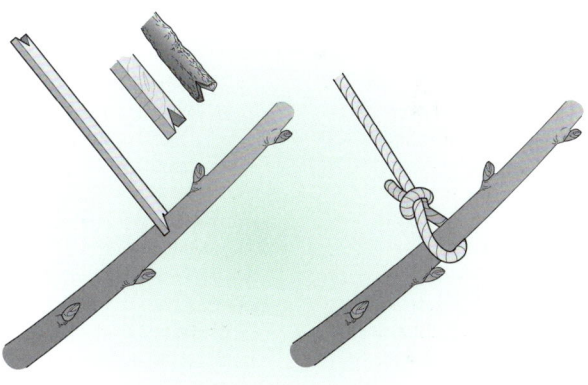

Durch Spreizhölzer werden zu steile Triebe flacher gestellt und zu flache mit Hilfe von Schnüren hochgebunden.

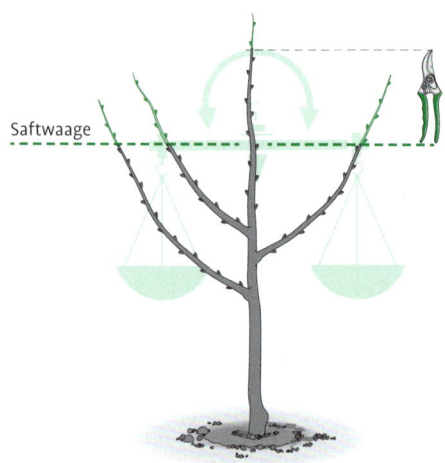

Saftwaage: Alle Leitäste werden auf derselben Höhe angeschnitten.

werden. Das Belassen oder Herabbinden von waagerechten Fruchtästen bringt zwar einen frühen Ertragsbeginn, dieser schwächt aber das Wachstum des Baumes und sollte deshalb erst im 2. oder 3. Standjahr des Baumes erfolgen.

> **Pflanzschnitt Pyramide**
> Stammverlängerung und drei bis vier Leitäste auswählen, Abgangswinkel prüfen und falls erforderlich korrigieren, Konkurrenztriebe entfernen, Leitäste auf gleiche Höhe anschneiden, überzählige Äste entfernen.

Nachdem man die Leitäste ausgesucht und falls notwendig formiert hat, werden überzählige Äste entfernt! Zuletzt werden nun die Leitäste angeschnitten und dabei um etwa 30 bis 50 % ihrer Länge eingekürzt. Damit sie alle dieselben Wachstumschancen bekommen, werden Sie auf derselben horizontalen Höhe angeschnitten.

Um diese sogenannte Saftwaage zu erreichen, ist es am einfachsten, bei einem mittellangen Leitast zu beginnen und dann die kürzeren und längeren Äste an diesen ersten Schnitt anzupassen. Die Stammverlängerung wird etwa 15 cm höher als die Leitäste angeschnitten.

Erziehungsschnitt

In den ersten Standjahren wird durch einen jährlichen Schnitt ein stabiles Kronengerüst aufgebaut. Dies braucht mindestens acht Jahre, kann aber in Einzelfällen bis zu 12 Jahre dauern, ehe die Erziehungsarbeiten abgeschlossen sind. In dieser Zeit stehen das Wachstum des Baumes und damit die Erziehung der Leitäste und der Stammverlängerung im Vordergrund.

Mit steigendem Alter werden zunehmend waagerechte Fruchtäste integriert, was allmählich den Übergang zur Ertragsphase einleitet. Bei schwach wachsenden Bäumen bzw. Sorten kann es auch notwendig sein, in den ersten Jahren Blütenbüschel oder junge Früchte zu entfernen, damit die ganze Kraft des Baumes in das Triebwachstum geht.

Reagiert ein Baum sehr stark auf den Schnitt, so wird er beim nächsten Mal etwas weniger zurückgeschnitten. Reagiert er nur schwach, so wird er hingegen durch kräftigeren Schnitt zu mehr Wachstum angeregt. Am jungen Baum wird somit das Wachstum der Triebe in Ihrer Stärke und Wuchsrichtung ständig überwacht und nötigenfalls durch kleine, aber gezielte Eingriffe korrigiert. Nur noch in den ersten Jahren lässt sich ein zu steiler Astabgangswinkel der

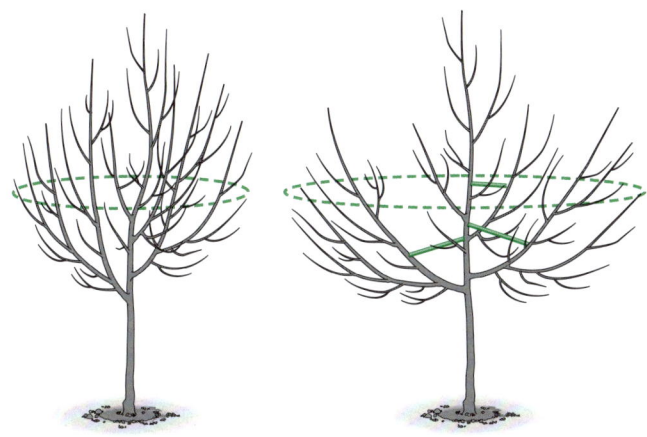

Nachträgliche Korrektur eines älteren Jungbaumes.

Leitäste etwas nachkorrigieren. Dazu müssen stabile Spreizhölzer windfest eingespannt und etwa ein Jahr im Baum belassen werden. Dabei vorsichtig vorgehen, da die Äste bei zu starker Belastung ausreißen können. Da nun schon größere Spreizkräfte nötig sind, ist darauf zu achten, dass die Ansatzstellen nicht zu scharfkantig sind, da sie sich sonst in die Rinde einschneiden. Regelmäßige Nachkontrollen sind sinnvoll. Ein Hochbinden von zu flach angesetzten Ästen ist bei Bäumen, die schon einige Jahre stehen, nicht mehr wirkungsvoll, da diese Äste beim Lösen der Schnur wieder in die alte Lage zurückfallen. Es ist deshalb immer besser, die Erziehung der Leitäste gleich beim Pflanzschnitt richtig zu machen, als später eine Nachkorrektur vorzunehmen.

Stammverlängerung und Leitäste

Durch das Anschneiden beim Pflanzschnitt haben an den Leitästen und der Stammverlängerung mehrere Triebe ausgetrieben. Wählen Sie davon denjenigen aus, welcher am besten den Trieb in dem gewünschten aufsteigenden Winkel verlängert. Der Rest wird entfernt. Es darf nicht zu einem flachen Bereich oder gar zu einem Knick in dem aufstrebenden Leitast kommen.

richtig   falsch

Leitastknick.

Pyramidenform

Jungbaum im 2. Standjahr. Leitäste wieder anschneiden, Konkurrenztriebe entfernen. Einige knapp über der Waagerechten nach außen wachsende Triebe können belassen werden, damit diese sich mit Blütenknospen versehen und die ersten Fruchtäste bilden können.

Jungbaum im 3. Standjahr. Leitäste erneut anschneiden. Steile – aber ansonsten günstig stehende – Langtriebe (nicht Leitäste) werden durch Herunterbinden knapp über die Waagerechte zu Fruchtästen umgewandelt. Kurztriebe mit Blütenknospen können belassen werden, auch wenn sie nach oben oder innen wachsen.

Erziehungsschnitt Pyramide
Stammverlängerung und Leitäste einkürzen und Konkurrenztriebe entfernen. Wenn nötig, Abgangswinkel der Leitäste korrigieren. Einzelne Langtriebe durch Herunterbinden in Fruchtäste umwandeln. Bindungen auf Einwachsungen kontrollieren.

Die Leitäste und die Stammverlängerung werden durch Anschneiden um etwa 30 bis 50 % eingekürzt. Konkurrenztriebe sowie andere zu steil stehende oder nach innen wachsende Langtriebe werden durch Reißen oder jetzt auf Astring entfernt.

Fruchtäste
Fruchtäste müssen immer der Stammverlängerung bzw. dem Leitast, aus dem sie entspringen, deutlich untergeordnet sein. Sobald ihr Durchmesser mehr als halb so stark ist wie der Durchmesser der Stammverlängerung oder des Leitastes (an derselben Stelle gemessen), müssen Fruchtäste entfernt werden.

Die Spitzen der Fruchtäste darf man nicht anschneiden, da sie sonst nur mit der Produktion von hier nicht erwünschten vegetativen Langtrieben reagieren würden.

Erhaltungsschnitt

Bei Bäumen, die nach etwa 10 Jahren aus der Erziehungs- in die Ertrags- oder Erhaltungsphase kommen, ist die Krone in ihrem Aufbauprinzip fixiert. Sie wird zwar in den nächsten Jahren noch etwas an Volumen zulegen, aber die wesentlichen Aufbauarbeiten im Baumgerüst und in der Hierarchie der Äste untereinander sind erledigt. Es geht nun vor allem darum, die einmal gegebene Struktur zu erhalten, die Höhe des Baumes sinnvoll zu begrenzen und die alternden Fruchtäste regelmäßig durch jüngere auszutauschen. Der weitere Schnitt erfolgt nun, je nach Wüchsigkeit des Gehölzes und Anspruch des Nutzers an die Fruchtqualität, im zwei- bis vierjährigen Rhythmus. Dabei wird der Baum in der gewünschten leichten Grundspannung gehalten, welche die Fruchtqualität und die ausgeglichene Neutriebbildung sichert. Insgesamt sollten mindestens 20 %, aber nicht mehr als 35 % des Baumvolumens in einer Schnittsaison entfernt werden.

Besser mit wenigen Schnitten viel erreichen, statt mit vielen kleinen Schnitten wenig. Durch frühzeitiges Eingreifen große Wunden vermeiden.

Überwachung der Krone.

Sie sollten nun bevorzugt mit der Säge oder der Astschere und kaum noch mit der Gartenschere arbeiten, da es besser ist, mit wenigen Schnitten viel zu erreichen als durch zu viele kleine Schnitte das Wachstum des Baumes übermäßig anzuregen. Da es aber dennoch gut ist, möglichst kleine Sägewunden zu hinterlassen, ist es ratsam, die notwendigen Schnitte frühzeitig durchzuführen und nicht Jahr um Jahr zu verschieben, da die einmal entstandenen Probleme wie Überbauung oder Verkahlung nicht kleiner, sondern größer werden.

Stammverlängerung

Damit die Stammverlängerung in ihrem Höhenwachstum begrenzt und gleichzeitig der Wuchs der Leitäste gefördert wird, muss alle paar Jahre die Mitte zurückgenommen werden. Ein (jährlicher) Rückschnitt auf immer derselben Höhe würde aber nur zu einer kopfweidenartigen Verdickung mit unzähligen einjährigen Langtrieben führen, die das Wachs-

falsch falsch richtig

Höhenreduzierung der Krone.

tum noch mehr anreizen. Auch die Ableitung auf einen flachen Fruchtast bringt nicht immer das gewünschte Ziel, da der Baum lieber eine nach oben weisende Spitze haben möchte und er deshalb immer wieder aufs Neue an der höchsten Stelle mindestens einen neuen senkrechten Trieb hervorbringen wird. Besser ist es deshalb, den Rückschnitt gleich auf einen nach oben zeigenden, aber deutlich tiefer und möglichst mittig über dem Zentrum des Baumes stehenden mehrjährigen Trieb vorzunehmen. Dieser sollte idealerweise schon mit Blütenknospen besetzt sein, da er dann den zusätzlich zu erwartenden Saftstrom besser verwenden kann. Ein fruchtender Trieb verbraucht viel der überschüssigen Energie für die Früchte und wird deshalb deutlich schwächer austreiben als ein einjähriger Trieb.

Möchte man die Baumhöhe reduzieren, so macht es also Sinn, bereits ein oder zwei Jahre zuvor einen geeigneten Ersatztrieb stehen zu lassen, damit der Wechsel dann auf diesen bereits mehrjährigen Trieb erfolgen kann. Nach ein paar Jahren wird auch diese Mitte wieder auf einen neuen nach oben weisenden mehrjährigen Trieb heruntergenommen, welcher wiederum für einige Jahre die Spitze des Baumes bilden wird. Wegen der Überbauungsgefahr dürfen an der Stammverlängerung keine steil nach oben wachsenden Fruchtäste belassen werden.

Durch regelmäßigen Schnitt bleiben die Grundelemente der Pyramidenkrone dauerhaft

Erhaltung der Grundelemente einer Pyramidenkrone.

erhalten. Die schmal gehaltene, überbauungsfreie und in der Höhe immer wieder begrenzte Mitte lässt genügend Raum für breite Lichtschneisen bis zur Kronenbasis. Dadurch bleiben alle Leitäste besonnt und es kommt nicht zur Verkahlung im Bauminneren. Die Mitte des Baumes sollte also wie eine Spindel (siehe Seite 42) erzogen werden. Sie soll unten breit und nach oben immer schmaler werden und mit regelmäßig ausgetauschten oder zurückgeschnittenen Fruchtästen versehen sein.

Entfernen Sie im oberen Kronenteil alle zu steil und zu dicht stehenden Triebe ganz. Durch Reißen dieser Triebe können Sie einem zu starken Neuaustrieb vorbeugen. Starke Konkurrenztriebe ebenfalls entfernen.

Leitäste

Solange noch ein Volumenzuwachs der Krone zu erwarten ist, sollte die Verlängerung des Leitastes weiterhin im gewünschten Winkel aufstreben, was Sie durch das Zurücknehmen auf einen günstig und nicht zu flach stehenden Trieb erreichen. Achten Sie außerdem darauf, dass jedem Leitast sein ihm zustehender Raum erhalten bleibt und er bis in den inneren Bereich der Krone hinein durch genügend Belichtung seine gute Garnierung mit Fruchtästen behält und nicht verkahlt.

Fruchtäste

Fruchtäste sind der Stammverlängerung bzw. dem Leitast, aus dem sie entspringen, unterzuordnen. Wenn sie in den Bereich der

Fruchtholzerneuerung.

benachbarten Leitäste hineinwachsen, so müssen sie genauso entfernt werden wie Wasserschosse. Wenn ein Fruchtast von einem darüberliegenden zu sehr beschattet wird, ist in der Regel der obenliegende zu entfernen oder zurückzuschneiden und nicht der untere. Krankes, zu stark hängendes, zu dichtes, beschattendes oder zu altes Fruchtholz wird beseitigt.

Durch den zunehmenden Behang im Alter neigen sich ehemals waagerechte Fruchtäste immer mehr nach unten. Sie bringen dann zwar immer noch reichlich, aber nur noch schlecht ernährte und sehr kleine Früchte. Dies ist die Folge der deutlich geringeren Saftversorgung bei einem nach unten gerichteten Wuchs. Deshalb werden die überalterten Partien regelmäßig auf jüngere, oberseits gewachsene Triebe zurückgeschnitten. Auch diese jetzt noch vitalen und eventuell sogar noch leicht nach oben strebenden Äste werden nach

Erhaltungsschnitt Pyramide
Höhenwachstum regelmäßig reduzieren. Zu steil und dicht stehende Triebe entfernen. Fruchtäste belichtet halten und durch Fruchtholzrotation regelmäßig austauschen.

einiger Zeit und entsprechendem Behang ebenfalls abkippen und dann wiederum ausgetauscht. Diesen Vorgang bezeichnet man als Fruchtholzrotation.

Für einen optimalen Schnitt müssen genug Bewegungsmöglichkeit und ein sicheres Anlegen der Leiter gewährleistet sein. Wenn nicht, so sind die störenden Fruchtäste zu entfernen. Nebenbei bleibt durch die Beseitigung von hängenden Fruchtästen auch die Bewirtschaftung der Unterpflanzung möglich.

Erneuerungsschnitt

Wurde ein Baum über viele Jahre gar nicht oder falsch geschnitten, so hilft nur noch ein Verjüngungs- oder Erneuerungsschnitt. Meist sind bei über längere Zeit ungepflegten Kronen vor allem die Höhe, die Überbauung und daraus folgend die Verkahlung die größten Probleme. Aber auch die statischen Defizite, die Vergreisung und die starke Alternanz zwingen irgendwann dazu, die Versäumnisse der Vergangenheit

Erneuerung einer vergreisten Krone ohne Neuzuwachs.

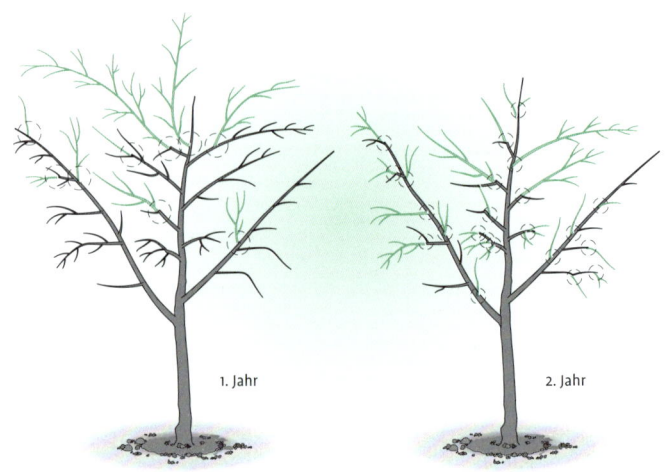

Auslichten einer zu dichten und überbauten Krone, verteilt auf zwei Jahre.

aufzuarbeiten, wenn man den Baum retten will.

Aufgrund der Astdicke empfiehlt sich dafür die Verwendung eines Hochentasters. Dabei gilt wieder die Regel, dass wenige größere Eingriffe vielen kleineren vorzuziehen sind. Vermeiden Sie möglichst obenliegende waagerechte Wunden und solche, die mehr als 15 cm Durchmesser haben, um Fäulnis vorzubeugen.

Bei Rundumsanierungen müssen insgesamt betrachtet häufig über 75 % des bisherigen Baumvolumens herausgenommen werden. Bei einem stark vergreisten Baum, ohne nennenswerten Zuwachs in den letzten Jahren und einer regelmäßig stark tragenden Sorte kann dieser Erneuerungsschnitt in einem Jahr vorgenommen werden. Ist der Baum aber noch wüchsig, so wäre es falsch, die gesamte Schnittmaßnahme auf einmal durchzuführen. Der Baum würde durch das starke Übergewicht des unterirdischen Wurzelwerks gegenüber dem oberirdischen Teil mit den saftverbrauchenden Blättern und Früchten regelrecht „explodieren". Er würde hunderte von langen Wasserschossen bilden und völlig aus dem physiologischen Gleichgewicht kommen. Nur mit viel Mühe, Zeitaufwand, Binden und Nach- sowie Sommerschnitt ist solch ein unnötig gereizter Baum wieder zu beruhigen. Wesentlich einfacher ist es, den Baum erst gar nicht so stark zu reizen, sondern den erforderlichen Schnitt auf zwei bis drei Jahre zu verteilen.

Stammverlängerung

Unter Beachtung der Vorgabe, dass nicht mehr als 35 % des Volumens auf einmal entfernt werden sollte, fängt man im ersten Winter mit den wichtigsten Sägeschnitten an. Das sind in der Regel die Höhenreduzierung und die Beseitigung der Überbauung. Dadurch kommt dann wieder Licht ins Bauminnere. Oft ist bereits durch drei oder vier Schnitte die obere Grenze des Schnittlimits erreicht, die restliche Arbeit muss auf das nächste Jahr verschoben werden.

Wenn sich kein nach oben weisender mehrjähriger Trieb als neue Mitte anbietet, muss man auf einen Fruchtast etwas unterhalb der gewünschten Höhe zurückgehen und dem Baum die Bildung einer neuen Spitze überlassen.

Im Sommer nach dem Schnitt können eventuell aufgetretene Wasserschosse herausgerissen oder – sofern an brauchbarer Stelle – flach gebunden werden.

Leitäste

Beim Schnitt im zweiten Winter können Sie die verbliebenen Arbeiten an den Leitästen und den hängenden Fruchtästen ausführen. Durch Fruchtbehang heruntergebogene Leitastverlängerungen werden bis zu einem geeigneten, im richtigen Winkel nach oben weisenden, jüngeren Ast zurückgeschnitten.

Fruchtäste

Jetzt bleibt nur noch, das alte, vergreiste Fruchtholz auszutauschen. Überbauende und zu dichte Fruchtäste werden zurück- bzw. ganz herausgesägt. Stark hängende Fruchtäste werden ebenfalls entfernt.

Spätestens beim dritten Winterschnitt ist der Baum rundum saniert und hat durch seine neuen Triebe wieder Fruchtäste im bislang verkahlten Innenbereich gebildet. Durch das moderate Wachstum ist er schnell wieder in der Lage, gut besonnte und große Früchte zu liefern. Es wird jetzt wieder der normale Erhaltungsschnitt angewandt.

> **Erneuerungsschnitt Pyramide**
> Baumhöhe reduzieren, Überbauung zurücknehmen, Leitäste auf günstige Verlängerung zurückschneiden, zu alte, zu dichte und hängende Fruchtäste entfernen. Erforderliche Sanierung auf zwei bis drei Jahre verteilen.

Spindelerziehung

Durch die Veredlung einer Sorte auf schwach wachsende Wurzeln, wie z. B. beim Apfel auf die Unterlage M9, lassen sich kleinkronige Bäume erziehen, die wenig Standraum benötigen, sehr früh in Ertrag kommen und viele gut belichtete Früchte liefern. Für sie hat sich die Spindelerziehung als ideale Kronenform im Hausgarten und Erwerbsanbau bewährt.

Pro Baum werden nur wenige Quadratmeter Standfläche benötigt, so besteht die Möglichkeit, auf kleinem Raum viele verschiedene Arten und Sorten anzubauen. Die geringe Baumhöhe ermöglicht etwa beim Apfel und der Birne die fast vollständige Bearbeitung vom Boden aus. Bei Zwetschgen- und Süßkirschenspindeln sind Endhöhen von 2,50 bis 4,50 m realistisch, welche nur eine kleine Leiter nötig machen.

Die Spindel ist ein schlanker, nach oben schmäler werdender Baum, der keine Leitäste hat. Es gibt nur mehr oder weniger waagerecht abgehende Fruchtäste, die spiralförmig um die dominante Mitte angeordnet sind. Diese Fruchtäste dürfen unten länger werden als oben, bevor sie ausgetauscht oder zurückgeschnitten werden. Dadurch entsteht die typische, sich nach oben hin verjüngende Baumform, die an die Silhouette eines Tannenbaumes erinnert. Der Name kommt von der genauso geformten Garnspindel am Webstuhl.

Diese nach oben schmäler werdende Grundform ist sehr wichtig, da so auf alle Astpartien gleichmäßig viel Licht kommt. Dies beugt Verkahlungen vor und sichert allen Früchten und Trieben eine ausreichende Belichtung. Steil stehende Äste dürfen nicht im Baum bleiben. Sie würden nur Triebwachstum bewirken.

Die Spindel hat im Gegensatz zur Pyramidenkrone keine Leitäste und gelangt schneller in die Ertragsphase.

Ideale Spindel.

Pflanzschnitt

Es werden meist einjährige Bäume mit mindestens vier und besser noch sechs bis acht Seitentrieben gepflanzt. Zweijährige Bäume sind zwar bei Birnen gut geeignet, werden bei Apfel, Kirsche und Zwetschge aber nicht gerne verwendet, da sie meist sehr steile Seitentriebe haben und das Verpflanzen schlechter vertragen.

Eine sehr gute Alternative sind sogenannte Knip-Bäume. Das sind Bäume, die in der Baumschule nach dem ersten Jahr stark zurückgeschnitten wurden und die daraufhin im zweiten Standjahr einen kräftigen Neutrieb mit mehreren vorzeitigen Trieben gebildet haben. Diese sind meist im gewünschten flachen Abgangswinkel und eignen sich sehr gut zur Verwendung als Fruchtäste.

Stammverlängerung und Fruchtäste

Zur Erreichung der gewünschten Stammhöhe von 70 bis 100 cm werden alle tiefer entspringenden Seitentriebe konsequent entfernt. Nun überprüft man bei den verbleibenden Trieben den Astabgangswinkel. Es dürfen nur flache Äste bleiben, die mehr oder weniger waagerecht abgehen. Bei triebigen Sorten ist die Stellung etwas unterhalb der Waagerechten und bei schwach wachsenden etwas darüber ideal. Sind steiler stehende Äste vorhanden, so müssen diese entweder flach gebunden oder ganz weggeschnitten werden. Auf keinen Fall dürfen sie in der steilen Stellung belassen werden, da sie sonst die Dominanz der Mitte schwächen, dabei das Wachstum fördern und

> **Pflanzschnitt Spindel**
> Mitte nicht anschneiden, Konkurrenztriebe entfernen, steile Seitentriebe entfernen oder flach stellen.

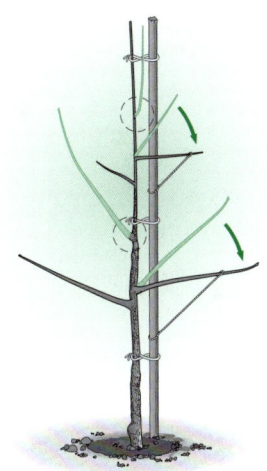

Pflanzschnitt Spindel.

die Fruchtbarkeit mindern. Die Fruchtäste sollen nicht als Quirl auf derselben Höhe entspringen, da das zu einem Schwächen und Abwürgen der Mitte führen kann. Der Mitteltrieb wird nicht angeschnitten, dies würde nur eine starke Verzweigung mit mehreren steilen Trieben hervorbringen, die man bei der Spindelerziehung nicht gebrauchen kann.

Erziehungsschnitt

Nach dem Austrieb erfolgt die erste Sommerbehandlung: Konkurrenztriebe werden ausgebrochen und zu steil stehende andere Triebe flach gestellt. Hierzu können Ende Mai Wäscheklammern

Erziehungsschnitt Spindel
Zum Flachstellen der Fruchtäste keine Gewichte verwenden. Steile Seitentriebe entfernen oder durch Klammern oder Schnurbindung flach stellen.

oberhalb des noch krautigen, jungen Triebes angebracht werden, welche diesen waagerecht drücken.

Alternativ dazu können später im Jahr, wenn der Trieb anfängt zu verholzen, im Handel erhältliche Kunststoffklammern angebracht werden, welche sehr schnell die gewünschte flache Stellung bewirken.

Sie können auch mit Schnurbindungen arbeiten. Beachten Sie jedoch, dass tatsächlich der Astabgangswinkel flacher wird und nicht nur der Ast im Bogen nach unten gezogen wird. Die Anbringung der früher manchmal verwendeten Gewichte hat sich nicht bewährt, da eine Feinjustierung nur schwer machbar ist und die Äste oft im Bogen und zu stark nach unten gezogen wurden.

Sofern die Binde- und Formierungsarbeiten sorgfältig gemacht werden, erübrigt sich in den ersten zwei Standjahren ein Winterschnitt. Die flachen Fruchtäste haben einen ausgegli-

Waagerechtsstellen durch Wäscheklammer.

chenen Wuchs und garnieren sich genauso wie der ungeschnittene Mitteltrieb mit Blütenknospen. Durch die Dominanz der Mitte treiben an dieser fast nur ruhige, schwache Seitentriebe aus. Sofern doch einmal steile und stärkere Äste auftreten, sind diese flach zu stellen oder – wenn bereits genügend ruhige Triebe vorhanden sind – wegzuschneiden. Auf keinen Fall dürfen schräg nach oben oder gar senkrecht stehende Triebe im Baum verbleiben. Nach drei bis vier (spätestens fünf) Jahren ist die Endhöhe des Baumes erreicht und die Erziehungsphase abgeschlossen.

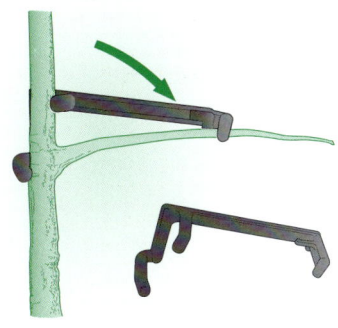

Waagerechtsstellen durch Astfixierklammer.

Erhaltungsschnitt

Idealerweise kommt ein neuer Fruchtast mit 30 bis 50 cm Länge schon nahezu waagerecht aus dem Stamm hervor. Nach dem etwas stärkeren Längenwachstum im ersten Jahr schließt solch ein flacher Ast meist schon mit einer Blütenknospe ab. Aus dieser bringt er im nächsten Jahr bereits die erste Blüte, während er einen Verlängerungstrieb bildet und sich seitlich mit Kurztrieben garniert, die mit Blütenknospen besetzt sind. An diesen, sich oft unter der Last allmählich absenkenden Trieben erntet man auch in den nächsten Jahren viele Früchte. Durch die andauernde generative Verzweigung steigt stetig die Zahl der Blüten. Darunter leiden jedoch Qualität und Größe der Früchte. Daher müssen in regelmäßigen Abständen alte und abgetragene Fruchtäste ausgetauscht oder auf jüngere Triebe zurückgenommen werden. Dadurch bleibt die Vitalität des Baumes erhalten und es können regelmäßig gut ernährte Früchte geerntet werden. Spätestens wenn ein Fruchtast mehr als halb so dick wie die Stammverlängerung ist, muss er weggeschnitten werden.

Die Verjüngung erfolgt normalerweise durch Abschneiden des alten Triebes direkt am Stamm auf einen schrägen Zapfen. Bedingt durch den Saftstau und den nun besseren Lichteinfall erscheint unterhalb des Zapfens

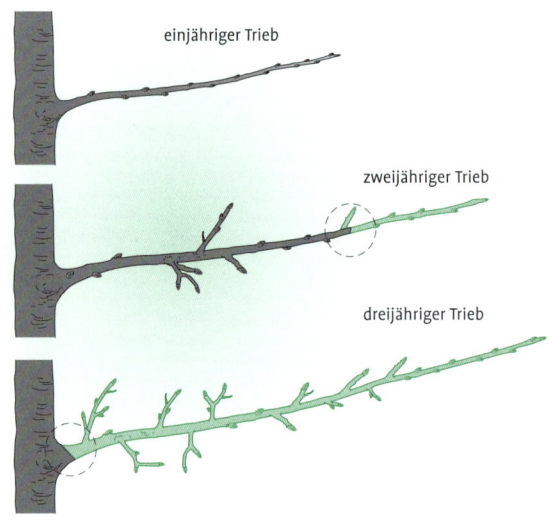

Fruchtasterneuerung.

ein flacher Jungtrieb, der in den nächsten Jahren die Produktion von gut belichteten Früchten ermöglicht.

Mittleres Kronendrittel
Diese Fruchtholzrotation durch einen kompletten Wegschnitt der Triebe am Stamm ist aber nur im mittleren Drittel der Kronenhöhe sinnvoll. Werden nämlich im unteren Kronenbereich Äste ganz entfernt, so besteht die große Gefahr, dass an dieser Stelle der Baum nur ungern neues Wachstum zeigt und keine neuen Triebe bildet. Die Basisäste würden also nach und nach entfernt und der Baum allmählich aufgeastet werden.

Unteres Kronendrittel
Es wird deshalb im unteren Kronendrittel nur auf jüngere Triebe zurückgeschnitten, ganze Äste werden nur dann komplett entfernt, wenn der Baum zu dicht wird.

Diese Basistriebe dürfen etwas über der Waagerechten stehen, damit ihre gegenüber den oberen Kronenbereichen natürliche schwächere Versorgung ausgeglichen wird. Der so verstärkte

Wuchs der Basis wirkt wie eine Bremse für die ansonsten wachstumsgeförderte Spitze.

Oberes Kronendrittel

Aufgrund der Spitzenförderung bilden sich nach einem erfolgten Rückschnitt im oberen Bereich des Gehölzes meist sogar mehr Jungtriebe als man an dieser schmal zu haltenden Stelle brauchen kann. Hier ist es sinnvoll, die wuchsbremsende Methode des Triebausreißens anzuwenden. Dabei werden bevorzugt im Juni/Juli die schlafenden Reserveaugen des Triebes mit weggerissen. Ist dieser Juniriss nicht erfolgt, so kann notfalls diese Maßnahme auch beim Winterschnitt nach-

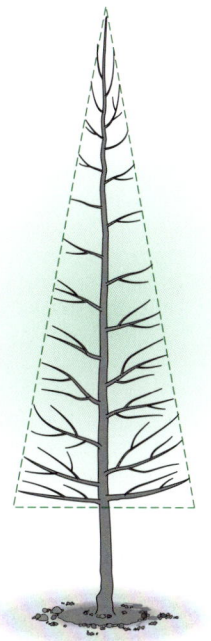

Oberes Drittel
Steile und überbauende Äste bevorzugt ausreißen

Mittleres Drittel
Äste auf schräge Zapfen regelmäßig zurücknehmen

Unteres Drittel
Basisäste nur zurückschneiden, nie ganz entfernen

Grundprinzipien bei der Erhaltung einer Spindel.
Auf Spindelform achten: oben schmal und unten breiter halten.

> **Erhaltungsschnitt Spindel**
> Eine Überbauung im oberen Kronenbereich ist aus Gründen der Belichtung unbedingt zu vermeiden.
> **Oberes Kronendrittel:**
> Äste reißen.
> **Mittleres Drittel:**
> Äste auf schrägen Zapfen wegschneiden.
> **Unteres Drittel:**
> Äste nicht wegschneiden, sondern nur auf Jungtrieb zurücknehmen.

geholt werden. Durch die dabei entstehenden Wunden wird auch generell der sonst sehr starke Saftfluss im Bereich der Baumspitze gebremst. Der Baum bleibt oben schmal, eine Überbauung und Beschattung der darunterliegenden Zweige wird vermieden.

Wird der Baum zu hoch, so erfolgt die Höhenreduzierung auf einen ebenfalls nach oben weisenden Trieb. Dieser sollte möglichst ruhig und mindestens schon zweijährig sein. Dann hat er bereits Blütenknospen angesetzt und der Fruchtansatz hilft, den Saftdruck an der neuen Spitze abzubauen und das Spitzenwachstum zu bremsen.

Spaliererziehung

Spaliere werden entweder an einem freistehenden Drahtgerüst oder an einer Hauswand erzogen. Da Spalierobstbäume nur in Längsrichtung (Leitäste in einer Ebene) wachsen und sich nur wenig in der Breite ausdehnen, wird nur eine geringe Grundfläche benötigt.

Hauswände haben den Vorteil, dass sie als Wärmespeicher auch in ungünstigen Klimalagen den Anbau wärmeliebender Obstarten ermöglichen. Durch die schützenden Wände treten weniger Frostschäden auf, sodass Sie regelmäßige Ernten erwarten können. Auch der optische Aspekt von Wandspalieren ist nicht zu verachten und Zierde und Nutzen miteinander zu verbinden, ist seit Jahrhunderten beste Gartenkultur.

Die Spaliererziehung ist mit Ausnahme der Süßkirsche grundsätzlich bei allen Obstarten möglich. Man unterscheidet freie Spaliere und Formspaliere. Während bei Formspalieren, wie den U-Formen oder der Verrierpalmette, ein großer Erziehungs- und Formierungsaufwand notwendig ist, orientiert man sich beim freien Spalier an einer eher natürlichen Kronenform.

Im Folgenden lernen Sie die Dreiasthecke kennen, denn diese Spalierform bietet sich für den

Dreiasthecke an der Hauswand.

Hausgarten an und ist weniger pflegeintensiv. Im Gegensatz zur Palmettenform werden bei der Dreiasthecke nur eine und nicht mehrere Leitastetagen aufgebaut. Eine Dreiasthecke besteht somit aus zwei schräggestellten Leitästen und einem senkrecht gezogenen Mitteltrieb. An allen drei Elementen werden mehrere stärkere, flach stehende Fruchtäste erzogen. Das Fruchtholz soll sich dabei gleichmäßig über die Fläche verteilen.

Pflanzschnitt

Spalierformen wie die Dreiasthecke sollten an einer Hauswand durch ein Gerüst aus Dachlatten gestützt werden. Dieses ermöglicht ein senkrechtes und waagerechtes Formieren der Äste und Zweige. Achten Sie darauf, dass das Gerüst etwa 8 cm Abstand zur Hauswand hat, nur so werden Luftzirkulation und schnelles Abtrocknen der Blätter ermöglicht. Die Dachlatten dürfen nicht mit einem Holzschutzmittel behandelt werden.

Baumformen

Pflanzschnitt bei der
Dreiasthecke.

Vor dem Pflanzschnitt werden zwei ideal in der Reihe (Längsrichtung) angeordnete Seitentriebe als Leitäste ausgewählt. Sie sollten nicht genau auf gleicher Höhe entspringen, sondern etwas versetzt am Stamm angeordnet sein. Schneiden Sie beide Leitäste auf gleicher Höhe um etwa die Hälfte zurück, den Mitteltrieb etwa 15 cm höher. Weitere starke Äste entfernen Sie ganz, schwaches Holz kann stehen bleiben. Die Stammhöhe legen Sie auf etwa 60 bis 70 cm fest.

Pflanzschnitt Spalier
Die Dreiasthecke besteht aus drei Gerüstelementen, nämlich zwei Leitästen in Längsrichtung und dem Mitteltrieb. Leitäste auf gleicher Höhe, Mitteltrieb 15 cm höher einkürzen.

Erziehungsschnitt

Nach dem ersten Standjahr werden die Konkurrenztriebe, die sich aufgrund des Rückschnitts an den Triebspitzen gebildet haben, entfernt und die Leitäste in einem Winkel von etwa 45–60° zum Mitteltrieb am Gerüst angeheftet. Mitteltrieb und Leitäste werden um etwa 15 cm eingekürzt. Schwächere, an den Leitästen nach außen wachsende Triebe, werden belassen und nicht angeschnitten. Aus ihnen sollen sich Fruchtäste entwickeln.

In den Folgejahren werden Konkurrenztriebe an den Leitästen und dem Mitteltrieb konsequent entfernt. Die sich bildenden Fruchtäste werden möglichst flach, aber nicht unter der Waagerechten am Gerüst angeheftet.

Formieren: Steil stehende Triebe werden flach am Gerüst fixiert.

Fixieren Sie die Bindungen nicht zu eng und kontrollieren sie die Stellen von Zeit zu Zeit, um Einwachsungen rechtzeitig zu verhindern.

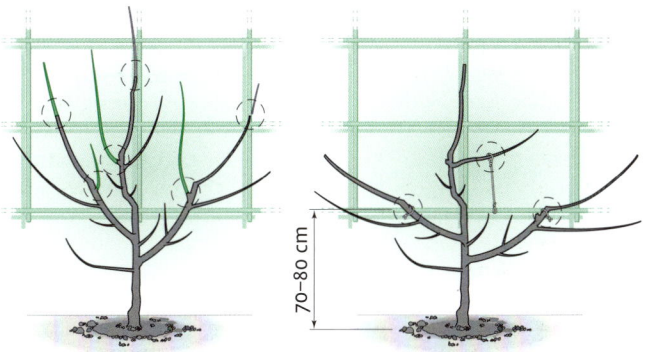

Jungbaum im 2. Standjahr, Schnitt und Formierung.

Jungbaum im 3. Standjahr, Schnitt und Formierung.

Erziehungsschnitt Spalier
Konkurrenztriebe am Mitteltrieb und den Leitästen konsequent entfernen. Die sich bildenden Fruchtäste möglichst flach, aber nicht unter der Waagerechten anheften.

Zum Aufleiten und Fixieren der Leitäste und des Mitteltriebes eignen sich Bambus- oder Tonkinstäbe, die während der Erziehungsphase vorübergehend am dauerhaften Spaliergerüst angeheftet werden.

Erhaltungsschnitt

Um die Dreiasthecke auf der vom Spaliergerüst begrenzten Höhe zu halten, wird der Mitteltrieb auf einen passenden, mehrjährigen, nicht zu flach stehenden Fruchtast abgesetzt, ohne diesen einzukürzen. Zu dicht stehende Äste und Fruchttriebe werden ausgelichtet. Abgetragenes, hängendes und beschattetes Fruchtholz wird ganz entfernt. Neu entstandene Fruchttriebe werden flach am Gerüst angeheftet. Ähnlich wie bei der Spindel ist eine Überbauung des Mitteltriebs zu vermeiden. Steil stehende Langtriebe werden entfernt oder pinziert.

Zum Stoppen des Längenwachstums und zur Erzeugung von kurzen Fruchttrieben werden Ende Mai bis Mitte Juni günstig stehende Neutriebe entspitzt. Bei dieser Maßnahme, die auch als Pinzieren bezeichnet wird, zwickt man die unverholzte (krautige) Triebspitze mit Daumen und Zeigefinger über dem 9. oder 10. Blatt ab. Erfolgt ein neuer Austrieb, wird das Abzwicken wiederholt, das kann bis zu drei Mal der

Erhaltungsschnitt Dreiasthecke.

Pinzieren von krautigen Trieben im Sommer.

Fall sein. Durch das Entspitzen wird der Trieb gestaucht und es kommt vermehrt zur Ausbildung von Blütenknospen.

Wie bei der Pyramidenkrone müssen die Leitäste und der Mitteltrieb dauerhaft erhalten bleiben. Die Fruchtäste werden, der Fruchtholzrotation folgend, von Zeit zu Zeit ausgetauscht und durch neue, flach stehende Triebe ersetzt.

Erhaltungsschnitt Spalier

Abgetragenes Fruchtholz austauschen. Im Sommer günstig stehende Neutriebe durch wiederholtes Pinzieren in kurze Fruchttriebe umwandeln.

Apfelbäume mit Säulenwuchs

Typisch für diese Baumform ist der sehr schmale, säulenförmige Wuchs. Die dominante Mittelachse wächst senkrecht nach oben und ist mit vielen, eng stehenden generativen Kurztrieben garniert. Lange Seitentriebe (Langtriebe) werden kaum angelegt. Je nach Sorte können sich aber auch einige längere Seitenverzweigungen ausbilden, die wiederum steil nach oben wachsen und den typischen Wuchscharakter beibehalten. Achten Sie beim Kauf von Säulenbäumen auf eine mittelstark bis stark wachsende Unterlage (MM 106, M 25 oder M7). Schwächere Unterlagen sind nicht geeignet, da der Baum sich sonst rasch überträgt, dadurch vorzeitig erschöpft und eine kurze Lebensdauer hat. Mit einer stark wachsenden Unterlage kann der Baum bis 5 m hoch werden.

Neben ihrer Funktion als Fruchtgehölz haben die Säulenbäume einen hohen Zierwert durch ihre Form und reiche Blüte. Sie sind auch in kleinen Reihenhausgärten gut geeignet, da sie kaum Standraum benötigen. In Absprache mit dem Nachbarn können sie mit einem Pflanzabstand von 60 bis 70 cm auch eine „lebende Wand" direkt auf die Grenze, welche im Sommer grün ist, im Herbst Früchte liefert und im Winter den Lichteinfall in den Garten nicht zu sehr behindert.

Entgegen anderslautenden Katalogangeboten gibt es bislang nur Säulen-Apfelbäume. Eine Vielzahl von robusten und geschmackvollen Neuzüchtungen eignet sich für den Hobbyobstbau. Bei Birnen, Kirschen oder Zwetschgen gibt es diese genetisch bedingte, extrem schmale Wuchsform bislang noch nicht.

Schnitt

Ein Schnitt ist kaum erforderlich, lediglich die sich gelegentlich bildenden, steileren Seitenäste sollten am Ende des Winters oder noch besser im August auf Zapfen entfernt werden. Man schneidet dabei nach 2 bis 3 Knospen den steilen Trieb weg oder leitet auf einen stammnahen flachen Kurztrieb ab. Hierdurch wird das Triebwachstum gebremst und es werden verstärkt Blütenknospen aus den Seitenknospen ausgebildet.

Säulenbäume
Säulenbäume neigen zu einer ausgeprägten Alternanz. Zu starker Fruchtbehang sollte deshalb frühzeitig ausgedünnt werden.

Entwickeln sich an der Stammverlängerung mehrere Triebspitzen, sollten diese bis auf eine entfernt werden. Diese Maßnahme bevorzugt im August durchführen.

In den ersten 6 bis 8 Jahren darf die Triebspitze in keinem Fall eingekürzt werden. Erst nach etwa 8 Jahren kann zur Höhenbegrenzung im August auf eine etwas tiefer liegende Seitenverzweigung abgeleitet werden. Die passende Seitenverzweigung sollte mehrjährig und bereits mit Blütenknospen besetzt sein. Nicht auf einen Neutrieb und nicht zu stark zurückschneiden.

Säulenbäume: Entfernen eines steilstehenden Seitentriebes.

Schnittbesonderheiten bei Sauerkirsche und Pfirsich

Im Gegensatz zu den übrigen Obstarten wie Apfel, Birne, Süßkirsche, Zwetschge und Aprikose brauchen Sauerkirschen und Pfirsiche einen deutlich abweichenden Schnitt. Das beruht darauf, dass diese beiden Obstarten nur am einjährigen Holz fruchten. Nur an den Jungtrieben, die innerhalb eines Jahres wachsen, werden Blütenknospen angelegt, welche dann im nächsten Jahr blühen und fruchten. Da Sauerkirsche und Pfirsich an den mehrjährigen Trieben keine Fruchtspieße bilden, ist der Ertrag an eine jährlich neue starke Jungtriebbildung gebunden. Man darf diese Bäume deshalb gar nicht im Wuchs beruhigen, sondern reizt sie regelmäßig durch einen kräftigen Schnitt zu neuem starkem Austrieb.

Dazu wird sehr stark in die Krone eingegriffen und möglichst jährlich etwa die Hälfte des Baumvolumens entfernt. Man opfert so zwar einen Teil der diesjährigen Ernte, erreicht damit aber einen sehr starken Austrieb, welcher im nächsten Jahr viele Früchte liefert. Dieser jährlich erforderliche starke Schnitt bewirkt entsprechend der Wachstumsgesetze vor allem oben im Baum einen starken Austrieb. Hier müssen Sie gegensteuern, sonst wächst der Baum sehr schnell immer weiter nach oben, während er unten stark verkahlt. Es sind deshalb in der Vollertragsphase jährlich stärkere Eingriffe mit der Säge notwendig, um die Höhe des Baumes zu begrenzen. Würde man ein Jahr gar nicht schneiden, so hätte man zwar im direkt folgenden Sommer etwas mehr Früchte, aber durch den fehlenden Triebreiz keinen Neuaustrieb für den nächstjährigen Ertrag.

Um eine starke vegetative Verzweigung zu erreichen, werden auch regelmäßig etliche der vorhandenen Langtriebe angeschnitten und um die Hälfte eingekürzt. Dieser Anschnitt ist bei den oben genannten anderen Obstarten ja nur bei der Leitasterziehung erlaubt (siehe Seite 30), da er an allen übrigen Stellen zu den nicht erwünschten vegetativen Langtrieben führt. Bei Sauerkirschen und Pfirsichen hingegen wollen wir möglichst viele dieser Langtriebe, denn durch sie wird der Ertrag gesteigert. Das Anschneiden ist vor allem im unteren und mittleren Teil des Baumes sinnvoll. Denn auf dieser Höhe kann später auch gut geerntet werden. Bei einem Anschnitt in der Kronenspitze hat man hingegen nichts von dem entstehenden Neutrieb, da dieser im nächsten Schnitt wegen zu großer Pflückhöhe wieder entfernt werden müsste.

Obwohl Sauerkirschen und Pfirsiche gemeinsam diese Eigenschaft des Fruchtens am einjährigen Holz haben, so werden sie doch nicht ganz genau gleich behandelt. Im Folgenden werden die speziellen Unterschiede dargestellt.

Sauerkirsche

Die altbewährte Sorte Schattenmorelle neigt stark zum Verkahlen und trägt nur am einjährigen Holz. Die beschriebenen Schnittmaßnahmen sind deshalb bei ihr besonders wichtig.

Pflanzschnitt

Um gleich vom Start weg ein kräftiges Wachstum zu garantieren, wird die Sauerkirsche im Frühjahr nach der Pflanzung sehr stark zurückgeschnitten.

Erziehungsschnitt

Analog zu der auf Seite 26 bereits beschriebenen Erziehung der Pyramidenkrone, werden zu steil stehende Konkurrenztriebe ganz entfernt. Vier bis sechs Triebe, die im 45–60°-Winkel zum Stamm stehen, werden als zukünftige Basis- oder Gerüstäste belassen, aber durch Anschneiden um rund zwei Drittel eingekürzt. Auch der Mitteltrieb wird sehr stark zurückgeschnitten. Flache und schwache Triebe werden ganz entfernt.

Im zweiten Standjahr werden wieder nahezu alle Triebe um die Hälfte angeschnitten. Insbesondere die Verlängerungen der Gerüstäste werden stark eingekürzt. Nur die flachen Triebe, die nicht zum Baumaufbau nötig sind, wer-

Pflanzschnitt Sauerkirsche.

den zum Fruchten lang belassen. Triebe, die zu steil oder zu dicht stehen, werden ganz entfernt.

Erhaltungsschnitt

Achten Sie in den Folgejahren darauf, dass die Gerüstäste in Form eines breiten Kelches nach oben wachsen, bis sie die gewünschte Endhöhe von etwa 2,0 bis 2,5 m erreichen. Von da an werden sie abwechselnd auf deutlich weiter unten entspringende jüngere Triebe zurückgenommen. Ein ausgewachsener Baum hat etwa sechs bis acht solcher Gerüstäste. Im Gegensatz zu den Leitästen bei der Pyramidenkrone sind sie nicht auf Dauer im Baum. Diese

Jungbaum 2. Standjahr.

Gerüstäste werden regelmäßig entweder kräftig zurückgenommen oder ganz entfernt und gegen junge Triebe ausgetauscht.

Der Mitteltrieb des Baumes wird bewusst sehr schmal gehalten, damit auch von oben immer Licht in die offene Krone gelangt. Die Mitte sollte nicht höher sein als die Gerüstäste. Dadurch sieht die Krone von der Seite wie ein ebener, flacher Teller aus und wird daher auch als Flach- oder Tellerkrone bezeichnet.

Um auch an einem älteren Baum weiterhin den benötigten starken Neutrieb zu erhalten, wird jedes Jahr auf junges Holz zurückgeschnitten sowie senkrechte oder nach innen wachsende Triebe ganz entfernt. Zur besseren Wundheilung sollten Sauerkirschen im Sommer direkt während oder nach der Ernte geschnitten werden. Vor allem größere Eingriffe, wie die regelmäßig erforderliche Höhenreduzierung und das Zurücknehmen der Gerüstäste,

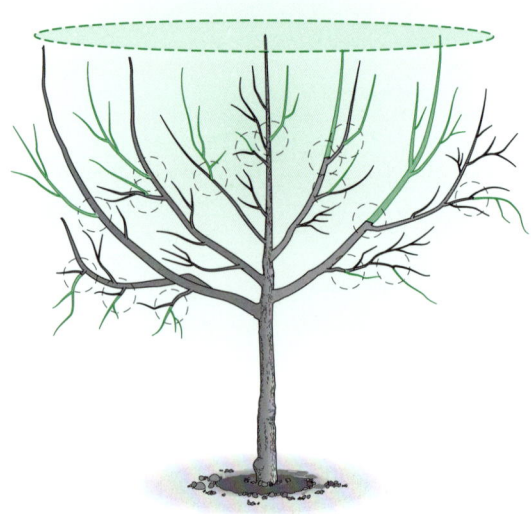

Tellerkronen-Seitenansicht.

Erhaltungsschnitt Sauerkirsche.

erfolgen bevorzugt im August. Dadurch kommt auch wieder mehr Licht ins Kroneninnere, was der Verkahlung entgegenwirkt und besser belichtete Knospen für das Folgejahr produziert. Im Februar und März kann dann im Feinastbereich noch etwas nachgearbeitet werden und das Anschneiden der Jungtriebe erfolgen. So nutzt man die gewünschte triebfördernde Wirkung des Winterschnittes aus, ohne die Pflanzengesundheit zu sehr zu gefährden.

Erhaltungsschnitt Sauerkirsche

Sehr kräftig schneiden, regelmäßig die Höhe reduzieren, zu hohe Gerüstäste abwechselnd zurücknehmen, zu eng oder nach innen wachsendes Holz entfernen, günstig stehende Triebe um ein Drittel einkürzen. Hängende Peitschentriebe (S. 62) zurückschneiden.

Peitschentriebe

Sauerkirschen haben noch eine weitere Besonderheit: Da sie an den oft dünnen einjährigen Trieben fruchten, hängen diese durch das Gewicht der Früchte bald nach unten. Der Neutrieb an der Spitze versucht zwar wieder nach oben oder zumindest waagerecht zu wachsen, er wird aber spätestens unter der Fruchtlast des nächsten Jahres erneut nach unten kippen. Dadurch entstehen vor allem im unteren Bereich des Baumes die sogenannten „Peitschentriebe". Diese bringen zwar noch regelmäßig Früchte am einjährigen Triebteil, diese sind bedingt durch den hängenden Wuchs aber nur von schlechterer Qualität. Spätestens kurz bevor sie am Boden ankommen, müssen sie ganz entfernt werden. Bietet sich schon vorher ein weiter oben gebildeter Seitentrieb an, so sollte der alte Peitschentrieb sofort auf diesen jungen zurückgenommen werden. Insbesondere die schlecht verzweigende Sorte 'Schattenmorelle' macht hier immer wieder Schwierigkeiten, da dort nur selten geeignete Verzweigungen auftreten und deshalb rasch unproduktive Kahlstellen entstehen.

Entfernen von Peitschentrieben.

Pfirsich

Beim Pfirsich tritt eine weitere Besonderheit auf: Auch hier trägt, wie bei der Sauerkirsche, nur der im letzten Jahr gewachsene Trieb Blüten. Dieser Trieb muss beim Pfirsich aber besonders kräftig und stark ausgebildet sein, denn nur diese kräftigen, einjährigen Triebe bilden in ihren Blattachseln eine spezielle Dreier-Knospengruppe aus. Sie besteht aus zwei rundlichen Blütenknospen und einer dazwischen stehenden, spitzeren Triebknospe. Zweige mit diesen Knospengruppen bezeichnet man als „wahre Blüten- oder Fruchttriebe".

Während die beiden seitlichen Blütenknospen im Frühjahr aufblühen und befruchtet werden, entsteht aus der dazwischen stehenden länglichen Triebknospe ein neuer kräftiger Trieb. Die Blätter, die sich daran befinden, können mit Hilfe des Sonnenlichtes assimilieren und somit die beiden jungen Früchte an der Triebbasis ernähren. Dadurch ist der Erhalt dieser Früchte gesichert. Zur Steigerung der Fruchtqualität muss im Mai noch eine der beiden Früchte entfernt werden, damit die andere besser versorgt wird.

Im Gegensatz zu den wahren Fruchttrieben sind an schwächeren Trieben, die oft im unteren Baumbereich zu finden sind, meist nur

Links: Wahrer Fruchttrieb mit gemischten Knospen, wird um ein Viertel eingekürzt.
Rechts: Falscher Fruchttrieb nur mit einzeln stehenden Blütenknospen, wird auf einen Stummel entfernt.

einzeln stehende Blütenknospen vorhanden. Diese Knospen blühen auch auf und setzen vorübergehend Früchte an. Da aber daneben kein assimilierender, ernährender Trieb steht, werden sie schon bald abgestoßen. Trotz scheinbar schönem Blütenbesatz findet man an diesen sogenannten „falschen Blütentrieben" später so gut wie keine Früchte.

Nachdem an diesen Trieben ohnehin kein Ertrag zu erwarten ist, kann man sie bis auf einen kurzen Stummel von wenigen

Zentimetern Länge wegschneiden. Der hier zu erwartende neue Austrieb hat dann die Chance, einen wahren Blütentrieb zu bilden, wenn der Baum insgesamt durch starken Schnitt kräftig genug unter Druck gesetzt wurde. Ein Drittel der wahren Blütentriebe kürzt man zur Förderung des Neuaustriebs ein, während man an den anderen zwei Dritteln den Ertrag erntet.

Pflanzschnitt

Bereits bei der Pflanzung junger Pfirsichbäume muss durch einen extrem starken Rückschnitt für einen starken Vorsprung der Wurzel gegenüber dem oberirdischen Pflanzenteil gesorgt werden.

Es wird dazu das junge Stämmchen in der Höhe um die Hälfte eingekürzt und die seitlichen Triebe massiv zurückgeschnitten; nur kurze Astansätze im geeigneten 45°-Winkel belassen. Zu steile oder zu flache Triebe werden ganz entfernt.

Es bleibt dabei zwar anscheinend nur noch erschreckend wenig von der gekauften Pflanzware übrig, es kann aber nur so für einen kräftigen Start des Jungbaumes gesorgt werden, was sich durch ein besseres Anwachsergebnis, dauerhaft kräftigeren Wuchs und besseren Ertrag auszahlt.

Erziehungsschnitt

Der Erziehungsschnitt des Pfirsichs wird wie bei der Sauerkirsche durchgeführt, siehe Seite 58.

Erhaltungsschnitt

Beim Erhaltungsschnitt wird auf einen lichtoffenen und nicht zu hoch werdenden Baum geachtet. Da dieser durch den notwendigen jährlichen starken Schnitt ständig nach oben strebt, muss hier laufend mit der Säge eingegriffen werden und zu hoch gewordene Bereiche wieder auf eine gut erreichbare Pflückhöhe reduziert werden.

Pflanzschnitt.

Danach wird mit der Schere noch kräftig nachgearbeitet. Zu eng stehendes Holz wird ausgelichtet, nach innen strebende Triebe werden ganz entfernt, schwache falsche Fruchttriebe auf Stummel geschnitten und die kräftigen, günstig nach schräg außen stehenden Triebe um ein Drittel eingekürzt.

Jedes Jahr so behandelt, lässt sich ein Pfirsich dauerhaft im Ertrag und dennoch niedrig halten. Da Pfirsiche sehr anfällig für verschiedene winteraktive Pilze und Bakterien sind, dürfen sie nur in der Vegetationszeit, entweder kurz nach der Blüte oder am besten direkt nach der Ernte geschnitten werden.

Erhaltungsschnitt Pfirsich

Sehr kräftig schneiden, regelmäßig die Höhe reduzieren. Zu hohe Basisäste abwechselnd zurücknehmen, zu eng oder nach innen wachsendes Holz entfernen, günstig stehende Triebe um ein Drittel einkürzen, falsche Fruchttriebe auf Stummel schneiden.

Erhaltungsschnitt.

Beerenobstschnitt

Beeren haben im Gegensatz zum Baumobst ein ganz anderes Wuchs- und Ertragsverhalten. Während der Baum dauerhaft seine Triebspitze fördert, versorgt ein Strauch seine Triebe nur vorübergehend gut und wechselt dann mit seiner Energie auf den nächsten Jungtrieb. Der einzelne Trieb kommt dabei aus der Wurzel und wächst am Anfang stark und aufrecht (vegetativ). Im zweiten Jahr stellt er von Wachstum auf Ertrag um und bildet Blüten und Früchte aus (generatives Wachstum). Danach wird der Trieb immer schlechter versorgt, was bei Johannisbeeren in den Folgejahren zu schlechter werdender Fruchtqualität führt. Bei Himbeere und Brombeere wird die Triebversorgung nach dem zweiten Jahr sogar so stark zurückgefahren, dass die Rute abstirbt.

Bei allen Sträuchern steht beim Schnitt deshalb die Frage im Vordergrund, wie durch einen sinnvollen Austausch der Triebe die Vitalität und damit die Blüte sowie die Fruchtbarkeit erhalten werden kann.

Dreiasthecke bei Johannis- und Stachelbeeren

Seit einigen Jahren hat sich im Hausgarten bei Johannis- und Stachelbeeren das Erziehungssystem der Dreiasthecke, besonders aufgrund des geringeren Flächenverbrauchs im Gegensatz zur Strauch- oder Hochstämmchenerziehung, bewährt.

Für die Heckenerziehung eignen sich besonders stark wachsende Sorten von Roter Johannisbeere wie 'Jonkher van Teets', 'Red Lake', 'Rovada', 'Rondom', 'Rosetta' und Stachelbeersorten wie 'Invicta', 'Redeva', 'Rexrot' u.a.. Es funktioniert aber auch bei der Schwarzen Johannisbeere.

Vorteile der Dreiasthecke:
> Optimale Belichtung beider Heckenseiten.
> Leichte Ernte in angenehmer Höhe zwischen 50 und 180 cm.
> Bessere Qualität und Größe der einzelnen Früchte, da die Pflanzen nur je drei Gerüstäste versorgen müssen.

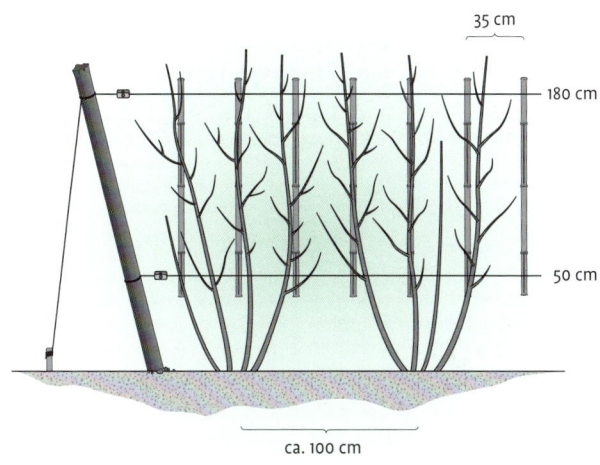

Dreiasthecke bei Johannis- und Stachelbeeren.

Für eine Erziehung als aufrechte Hecke wird ein stabiles Stützgerüst benötigt, wobei zwei Einzeldrähte in einer Höhe von 50 und 180 cm anzubringen sind. Um die Drähte gespannt zu halten, verwenden Sie Drahtspanner. An den beiden Drähten werden 150 cm lange Bambusstäbe (Durchmesser 12 bis 15 mm) mit Draht oder speziellen Klammern befestigt, sodass sie oben und unten jeweils 10 cm überstehen. Alternativ kann auch ein Drahtgewebe mit etwa 10 x 10 cm Maschenweite verwendet werden. Auch dieses sollte erst etwa 40 cm über dem Boden beginnen und bis etwa 1,90 m Höhe reichen.

Pflanzschnitt

Der Pflanzabstand bei einer Dreiasthecke beträgt etwa 1,00 m in der Reihe. Jede Pflanze wird mit drei Trieben aufgebaut. Dadurch ergibt sich ein Abstand von etwa 35 cm zwischen den einzelnen Trieben.

Beim Pflanzschnitt werden je Pflanze drei Gerüstäste belassen, die nicht angeschnitten werden. Diese Triebe sollten alle direkt aus dem Boden kommen, Verzweigungen und Vergabelungen über dem Boden sind ungünstig. Die übrigen Bodentriebe entfernen Sie einfach.

Erhaltungsschnitt

Die Spitzen der Gerüstäste werden im Laufe der nächsten zwei bis drei Jahre regelmäßig bis zum Erreichen der Endhöhe (sortenabhängig: 1,60 bis 2,00 m) im Abstand von etwa 25 cm an die Bambusstäbe bzw. an den waagerechten Draht gebunden und bis etwa 50 cm Höhe aufgeastet. Vor allem bei Stachelbeeren sollte die aufwachsende Spitze nie überhängen, da sonst das Höhenwachstum ins Stocken gerät.

Während die Leittriebe innerhalb von zwei bis drei Jahren nach oben wachsen, fruchten die seitlich abgehenden Fruchttriebe und werden nach nur einer Fruchtperiode beim Winterschnitt bis zum Gerüstast weggeschnitten. Man belässt dabei kleine Stummel von 1 bis 2 cm Länge, aus denen wieder neue Jungtriebe entspringen, welche wiederum in einem Jahr fruchten und dann entfernt werden. Auch Fruchtäste, die längs (d.h. in Richtung der Drähte) verlaufen, werden entfernt. Es wird nur das Fruchtholz belassen, das waagerecht von der Spalierhecke weg nach vorne und hinten zeigt. So werden die Be-

falsch · richtig

Konsequentes Aufleiten der Triebspitzen.

lichtung und vor allem das Ernten erleichtert.

Alle neben den drei Gerüstästen aus dem Boden kommenden Neutriebe werden im Mai / Juni durch Abreißen bzw. Abschneiden entfernt. Nach etwa sechs bis sieben Jahren müssen jedoch auch die Gerüstäste ausgetauscht werden, da sich sonst die Fruchtqualität und Neutriebbildung verschlechtern. Alle paar Jahre wird hierzu ein neuer Bodentrieb belassen und ebenfalls am Spaliergerüst hochgezogen. Wenn dieser neue Gerüstast annähernd die Endhöhe erreicht hat, wird dafür der älteste Gerüstast der Pflanze bodeneben entfernt. Idealerweise hat eine Pflanze dann einen etwa sechsjährigen, einen vierjährigen und einen zweijährigen Gerüstast.

Erhaltungsschnitt Dreiasthecke

Nur drei Gerüstäste pro Pflanze belassen. Fruchttriebe nach einer Fruchtperiode am Gerüstast auf Stummel schneiden. Regelmäßig neue Gerüstäste nachziehen. Alle anderen Bodentriebe entfernen.

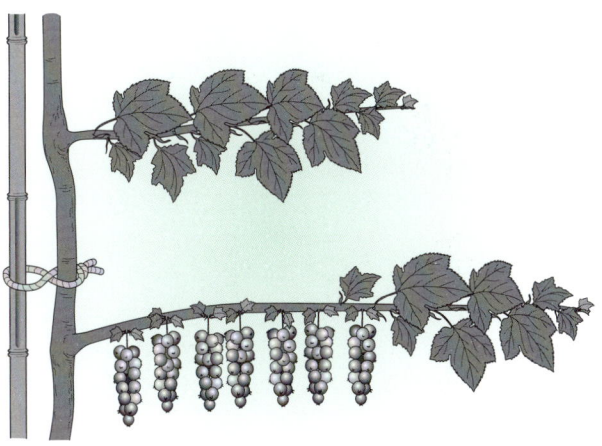

Fruchtholzerneuerung: Der fruchtende Ast wird nach der Ernte auf Zapfen mit zwei bis drei Augen entfernt.

Straucherziehung bei Johannisbeeren

Früher war die Erziehung der Johannisbeere als Strauch gebräuchlich. Auch heute ist diese Anbauform noch in vielen Hausgärten anzutreffen, wenngleich sie zunehmend durch die moderne und wesentlich pflegeleichtere Dreiastheckenerziehung (siehe Seite 66) verdrängt wird. Bei Sträuchern ist die Belichtung nicht optimal, die Fruchtqualität herabgesetzt und die Ernte beschwerlicher. Dennoch stellen wir Ihnen im Anschluss das Wichtigste zur Straucherziehung zusammen.

Pflanzschnitt

Egal, ob Sie eine Johannisbeerpflanze im Topf oder wurzelnackt gekauft haben, beide werden gegenüber ihrem vorherigen Stand um etwa fünf bis acht cm tiefer eingepflanzt. Dies fördert durch die Bildung von neuen Adventivwurzeln an den Trieben das Wachstum der Pflanze.

Containerware wird beim Pflanzen nur leicht, wurzelnackte Ware hingegen stark (etwa um die Hälfte) zurückgeschnitten, um die beim Verpflanzen verlorene Wurzelmasse auszugleichen. Schwache Triebe werden bodeneben entfernt.

Pflanzschnitt.

Erhaltungsschnitt

Jährlich direkt nach der Ernte oder im ausgehenden Winter müssen die Sträucher ausgelichtet und durch die Entfernung alter Triebe verjüngt werden. Bei allen Sträuchern gilt der Grundsatz der Basisförderung: Neutriebe wachsen mit sehr viel Kraft aus dem Wurzelstock hervor und erreichen innerhalb von etwa zwei Jahren ihre Endhöhe. Im ersten Jahr wachsen sie mit einem kräftigen Schub in die Höhe. Im zweiten folgt ein weiterer Längenzuwachs, während auch schon Verzweigungen mit kräftigen Blütenknospen gebildet werden. Diese bringen dann im dritten Standjahr große und geschmackvolle Früchte an langen Trauben.

In den folgenden Jahren verzweigen sich die Triebe immer weiter. Sie bringen zwar weiterhin Früchte, mit steigendem Triebalter nimmt die Fruchtqualität aber aufgrund der immer schlechter werdenden Nährstoffversorgung stark ab. Triebe, die länger als vier Jahre stehen bleiben, haben nur noch kurze Fruchttrauben mit wenigen und sehr kleinen Einzelbeeren. Es sollten also alle Triebe, die älter als vier Jahre sind, so knapp wie möglich über dem Boden abgeschnitten und entfernt werden.

Erhaltungsschnitt bei der Straucherziehung.

> **Erhaltungsschnitt Strauch**
> Jedes Jahr wird das älteste Viertel der Triebe komplett entfernt, um eine gute Ernte zu gewährleisten.

In der Praxis hat sich ein ebenso einfaches wie auch wirkungsvolles Schnittkonzept bewährt:

Jedes Jahr wird das älteste Viertel der Triebe des Strauches entfernt. So kann auf Dauer gesehen kein Trieb älter als vier Jahre werden. Die gewünschte Jungerhaltung des Triebbestandes ist auf einfache Weise gewährleistet. Das oft empfohlene Anschneiden, Einkürzen oder Zurücknehmen der mehrjährigen Zweige ist nicht sinnvoll, denn dadurch wird die langfristig schlechtere Versorgung älterer Triebe nicht verbessert.

Gehen Sie wie folgt vor: Zählen Sie die ungefähre Anzahl der vorhandenen mehrjährigen Triebe. Ausgewachsene Sträucher haben meist 8 bis 16 Triebe, von denen ein Viertel entfernt werden muss. Von beispielsweise 12 Trieben werden also die drei ältesten Triebe am besten mit einer Astschere herausgeschnitten. Das Alter der Triebe erkennt man leicht an der Rindenfarbe, die sich mit dem Alter von hellbeige über rotbraun nach schwarz ändert. Im Zweifel kann man den Triebdurchmesser oder den Verzweigungsgrad heranziehen. Bevorzugt werden die sehr schräg stehenden oder hängenden Triebe entfernt, da sie sonst durch das Fruchtgewicht bei der Ernte am Boden liegen würden. Für die entfernten alten Triebe muss ungefähr dieselbe Zahl an neuen, einjährigen Trieben nachgezogen werden, um den Strauch in gleicher Stärke zu erhalten. Hat man mehr Einjährige als für den Austausch notwendig, werden nur die stärksten belassen und die überzähligen entfernt. Bei jüngeren Sträuchern, die noch im Aufbau sind, können auch etwas mehr Jungtriebe belassen werden als alte entfernt wurden.

Anzahl vorhandener Triebe	Anzahl zu entfernender Triebe	Anzahl nachzuziehender Jungtriebe
bis 8	1–2	2–3
8–12	3	3
12–16	4	4

Hochstammerziehung bei Stachelbeeren

Bei der Stachelbeere ist wegen der vielen Stacheln eine Ernte in einem dichten Strauch oder weit unten am Boden sehr unkomfortabel. Deshalb wurde bei dieser Beerenart schon früh auf die bodennahe Straucherziehung verzichtet und stattdessen auf die deutlich höhere und dadurch angenehmere Erziehungsform des Hochstämmchens gesetzt. Diese Anbauart bedingt allerdings eine deutlich verkürzte Lebensdauer der Pflanze und im Alter auch eine schlechtere Fruchtqualität. Inzwischen hat zumindest der Erwerbsanbau – und zunehmend auch der Hobbyanbauer – auf die Dreiastheckenerziehung umgeschwenkt.

Pflanzschnitt

Bereits in der Baumschule wird zur späteren Arbeitserleichterung die Stachelbeer-Edelsorte in einer Höhe von knapp 1 m auf eine stark und gerade wachsende Unterlage veredelt. Meist wird dafür die robuste Goldjohannisbeere verwendet, manchmal auch die Jostabeere. Da diese Veredelungsstelle sehr instabil ist, muss der Stützpfahl diese „Sollbruchstelle" überragen und auf jeden Fall weit in die Krone hineinreichen. Eine zusätzliche Bindung oberhalb der Veredelungsstelle verhindert, dass diese unter der Fruchtlast bei einem Sommersturm ausbricht.

Erhaltungsschnitt

Da die Stachelbeere am einjährigen Holz trägt, muss durch einen kräftigen jährlichen Rückschnitt um etwa 50 % des Strauchvolumens für einen starken Neuaustrieb gesorgt werden. Gleichzeitig wird beim Schnitt vor allem das Ziel einer offenen, lichten und dadurch zugänglichen Krone verfolgt. Dazu werden alle paar Jahre einige der dichten, älteren Kronenteile durch jüngere Zweige ersetzt und die anderen jährlich großzügig ausgelichtet. Es gilt bei dieser Auslichtung sprichwörtlich das „Faustrecht". Daraus folgt, dass beim Winterschnitt sehr stark ausgelichtet werden muss. Es werden dazu alle zu eng stehenden, nach innen wachsenden oder sich kreuzenden Zweige entfernt, bis man mit der geschlossenen Faust alle Partien in der Krone gut erreichen kann. Nur dann hat man auch im folgenden Sommer die Chance, mit der Hand bis in die Fruchtzone hinein- und mit ein oder zwei gepflückten Beeren auch wieder herauszukommen!

Neben zu dichten und älteren Partien wird auch hängendes Holz entfernt und junges, nach schräg oben wachsendes Holz dafür geschont. Die abgeschnittenen,

Hochstämmchen vor und nach dem Schnitt, ober- und unterhalb der Veredelungsstelle angebunden.

nur langsam verrottenden Triebe sollten direkt über die Biotonne entsorgt werden.

Da der Stachelbeermehltau gerne an den Triebspitzen überwintert, wurde früher empfohlen als Abschluss der Schnittarbeiten vorsorglich alle Triebspitzen um 3 bis 4 cm einzukürzen. Alle Überwinterungsstellen sollten auch tatsächlich beseitigt sein, um den Infektionsdruck im nächsten Frühsommer zu reduzieren. Dies war bei den damals angebauten, stark mehltauanfälligen Sorten auch notwendig. Da heute im Kleingartenanbau aber nur noch mehltautolerante Sorten angebaut werden sollten, muss diese pauschale Triebspitzeneinkürzung nicht mehr vorgenommen werden. Sollten bei den heute üblichen robusten Sorten wie 'Invicta' oder 'Rokula' doch einmal Infektionsstellen auftreten, die sich mit mehlig-dunklen und etwas verbogenen Zweigspitzen zeigen, so müssen diese natürlich schnellstmöglich entfernt werden.

Trotz des empfohlenen kräftigen Rückschnittes wird es bei den Hochstämmchen von Stachel- oder Johannisbeeren nach etwa zehn Standjahren zu Vergreisungen und etwa ab dem 12. Jahr zu raschen Absterbeerscheinungen an der gesamten Pflanze kommen. Denn die sonst bei Sträuchern übliche Erneuerung und Verjüngung aus der Strauchbasis heraus funktioniert bei den aufveredelten Hochstämmchen nicht. Beim Rückschnitt können wir nur maximal bis zur Veredelungsstelle zurückschneiden. Neutriebe können nur oberhalb der Veredelungsstelle belassen werden. Ein Austrieb unterhalb der Veredlung oder aus der Pflanzenbasis am Boden brächte nur die unerwünschte Unterlage hervor. Es findet also keine wirkliche Verjüngung innerhalb des Strauches statt.

Eine unvermeidliche Eigenart aller Sträucher ist es aber, ältere Triebe zunehmend schlechter zu versorgen und sie am Ende sogar ganz absterben zu lassen. Die logische Konsequenz ist, dass deshalb bei fortgeschrittenem Alter des Bäumchens die Fruchtqualität abnimmt und die Pflanze dann auch rasch abstirbt. Der regelmäßige, kräftige Schnitt kann dies zwar hinauszögern, aber nicht verhindern. Bedenken Sie das beim Beerenanbau auf Hochstämmchen und sorgen Sie rechtzeitig für Ersatzpflanzen, oder gehen Sie zur auf Seite 66 beschriebenen Dreiasteckenerziehung über, bei der ein Austausch der Triebe aus der Basis heraus funktioniert.

> **Erhaltungsschnitt Hochstämmchen**
> Faustregel: So lange auslichten, bis die Krone überall leicht zugänglich ist. Regelmäßiger, kräftiger Rückschnitt verzögert die frühzeitige Vergreisung und verbessert Fruchtgröße und Qualität.

Himbeeren

Bei Himbeeren unterscheidet man grundsätzlich zwischen Sommer- und Herbsthimbeeren. Sommerhimbeeren fruchten an einjährigen Ruten, die im Vorjahr gebildet wurden. Die Herbsthimbeeren tragen dagegen bereits am Neutrieb, das bedeutet, Trieb- und Fruchtbildung erfolgen im selben Jahr.

Schnitt bei Sommerhimbeeren

Sommerhimbeeren werden an einem Drahtgerüst mit vier Spanndrähten erzogen. Der unterste Draht beginnt auf einer Höhe von 60 cm und die weiteren folgen im Abstand von 40 cm. Pro laufendem Meter setzt man gleichmäßig verteilt etwa drei Jungpflanzen. Aus den Adventivknospen, die an den Wurzeln sitzen, werden von Jahr zu Jahr immer wieder die neuen Ruten gebildet. Um den Austrieb aus den Adventivknospen (Wurzelknospen) zu fördern, werden die Ruten nach der Pflanzung auf eine Höhe von etwa 40 bis 50 cm zurückgeschnitten.

Bei den Sommerhimbeeren unterscheidet man zwischen Jung- und Tragruten. Im kommenden Jahr werden die diesjährigen Jungruten zu Alt- oder Tragruten. Während der Vegetation sind daher Jung- und Tragruten zusammen am Gerüst zu finden. Da die Früchte nur an den einjährigen Ruten und nicht an den Neutrieben gebildet werden, bezeichnet man die Sommerhimbeere auch als einmal tragend. Direkt nach der Ernte sind die abgetragenen, verholzten Ruten herauszuschneiden.

> Abgetragene Altruten nach der Ernte rasch entfernen und dafür acht bis zehn Jungruten neu anbinden.

Um Krankheiten vorzubeugen und den verbleibenden Ruten optimale Bedingungen zu geben, bleiben pro laufenden Meter acht bis zehn gesunde, im Gegensatz zu den Altruten grüne Jungruten stehen. Alle anderen werden dicht über dem Boden abgeschnitten. Sobald die Ruten ausgereift sind, werden sie an den Drähten angeheftet. Sorten, die sehr lange Ruten ausbilden, können nach der Frostperiode im zeitigen Frühjahr des folgenden Jahres auf etwa 1,90 m eingekürzt werden.

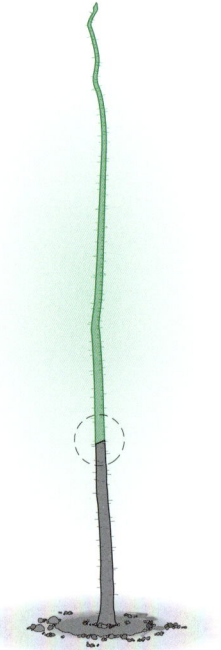

Pflanzschnitt Himbeeren.

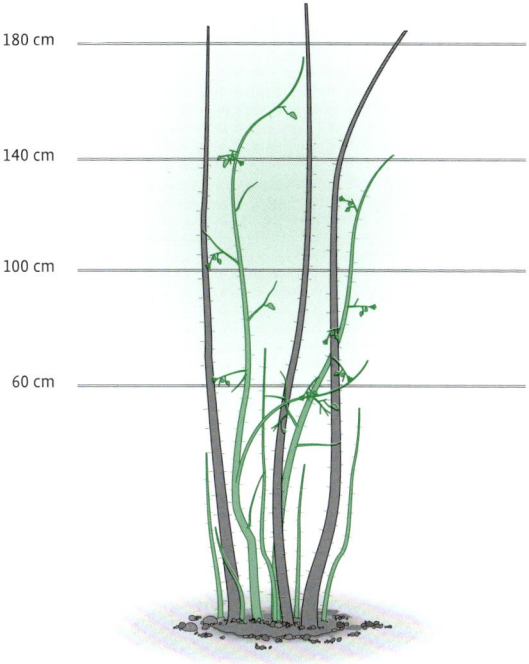

Erhaltungsschnitt Sommerhimbeeren.

Schnitt bei Herbsthimbeeren

Die Herbsthimbeeren kommen mit einem einfachen Drahtgitter als Gerüst aus, durch das sie hindurchwachsen und so nicht umfallen können, das Anheften erübrigt sich.

Im November / Dezember werden alle Ruten komplett ebenerdig abgeschnitten und im Juni des kommenden Jahres die neuen Triebe auf 15 Ruten je laufenden Meter ausgedünnt. Die Ernte beginnt erst im August und reicht bis zum ersten Frost. Das hat den positiven Effekt, dass die Früchte

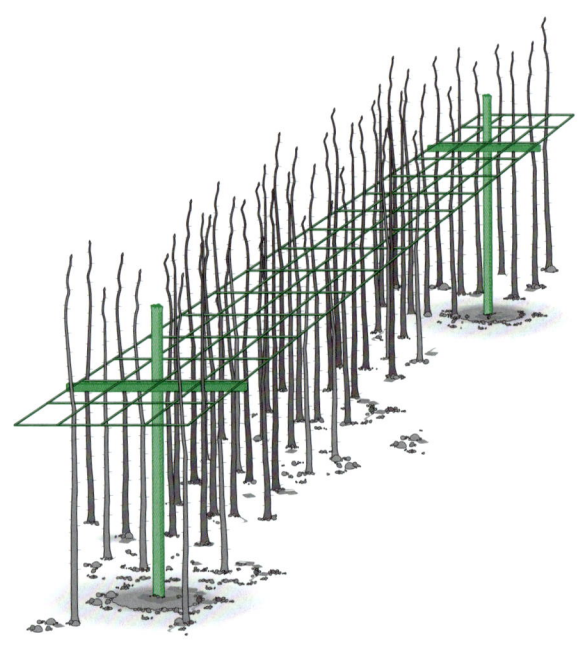

Erziehungssystem Herbsthimbeeren.

frei von Himbeerkäferlarven (Würmchen in der Frucht) sind.

Lässt man die abgetragenen Ruten über den Winter stehen, ist noch ein kleiner Frühertrag im Juni des darauffolgenden Jahres an den Triebspitzen möglich, dieser geht aber auf Kosten des Ertrags an den neuen Ruten. Man bezeichnet Herbsthimbeeren daher auch als zweimal tragende Himbeeren. Die Empfehlung lautet aber eindeutig, sich aus Gründen der Erntemenge und Qualität auf den späten Ertrag zu konzentrieren und deshalb die Altruten im Winter zu entfernen.

Direkt nach der Ernte alle Ruten herausschneiden, gegebenenfalls Anzahl der Jungruten im nächsten Frühsommer reduzieren.

Brombeeren

Am besten pflanzt man Brombeeren im Frühjahr, man wählt dabei einen Pflanzabstand von 1,50 m (Pflanzschnitt siehe Himbeeren Seite 75). Im Pflanzjahr sollten sich zwei bis drei gesunde Ranken bilden, die dann im zweiten Standjahr Früchte tragen. Sinnvoll ist ein Stützgerüst (ähnlich wie bei den Himbeeren), um die Ruten zu befestigen. Wie Sommerhimbeeren tragen Brombeeren an vorjährigen (einjährigen) Ruten. Gleichzeitig wachsen die Ruten für das nächste Jahr heran.

Bei einem häufigen Befall mit Brombeergallmilbe ist es empfehlenswert, gleich nach der Ernte die abgetragenen Ruten auszuschneiden und möglichst zu verbrennen oder auf den Häckselplatz zu geben.

Ansonsten können die Altruten auch erst Ende Februar bis Anfang März dicht am Boden entfernt werden, so dienen sie noch als Winterschutz für die künftigen Tragruten. Etwa vier bis sechs Jungruten werden belassen, auf 2 m bis 2,5 m Länge eingekürzt und fächerartig am Traggerüst befestigt. Die restlichen Ruten werden vollständig entfernt. Die Seitentriebe (Geiztriebe) der Tragruten werden auf 10 cm zurückgeschnitten.

Fächererziehung Brombeeren.

Bei starkwüchsigen Sorten sollten die Geiztriebe, sobald sie verholzen, schon an den Jungruten während des Sommers auf 20 cm eingekürzt werden. Diese Maßnahme kann bei weiterem starkem Durchtrieb wiederholt werden. Im zeitigen Frühjahr, nach den starken Frösten, werden diese Stummel dann nochmals auf zwei bis drei Augen zurückgeschnitten. An den aus diesen Knospen austreibenden Seitentrieben bilden sich die Blütenstände bzw. Fruchtstände aus.

Wie die rankenden Brombeeren tragen auch die „neuen" aufrecht wachsenden Brombeersorten, wie z. B. 'Navaho', an den vorjährigen Ruten. Der Pflanzabstand bei aufrecht wachsenden Brombeeren kann mit 80 cm etwas enger gewählt werden.

Man belässt etwa drei bis vier Triebe, die relativ aufrecht am Gerüst befestigt werden.

Im März vier bis sechs Jungruten auswählen, einkürzen, befestigen und restliche Triebe entfernen. Geiztriebe auf 10 cm einkürzen. Abgetragene Altruten direkt nach der Ernte entfernen.

Geiztriebe im Sommer einkürzen.

Tafeltrauben und Kiwi

Durch ihre Kletterfähigkeit sind Trauben und Kiwipflanzen eine tolle Bereicherung für den Obstgarten. Sie bieten die Möglichkeit, auch in sehr kleinen Gärten schmackhafte Früchte zu ernten, da man mit ihnen große, senkrechte Wandflächen effektiv nutzen kann und dafür nur eine relativ kleine, offene Bodenfläche braucht.

Für den Anbau und die Pflege von Reben und Kiwi ist es gut, wenn man über die natürlichen Wuchseigenschaften dieser Pflanzen Bescheid weiß. Es sind beides Kletterpflanzen, die in der Natur sehr rasch an Bäumen bis in deren Spitzen emporwachsen und sich dann nach allen Seiten ausbreiten und zu fruchten beginnen. Es wird dadurch schnell klar, warum die jungen Pflanzen so rasch nach oben streben, dann aber die Triebe zum Fruchten flach gestellt werden müssen.

Die Aufgabe des Schnittes ist es vor allem, den Aufwuchs zu ordnen und in gewünschten Grenzen zu halten. Ohne das sortierende und begrenzende Arbeiten mit Rankhilfe, Bindematerial und vor allem Schere, wächst einem die Sache sonst buchstäblich über den Kopf. Ungebremstes und nicht geordnetes Wachstum führt zu sehr vielen schwachen Trieben mit kleinen Früchten und wenig Aroma, während gleichzeitig die Laubwand unkontrolliert wuchert.

Am besten werden Reben und Kiwis direkt nach den letzten starken Winterfrösten geschnitten, also je nach Region zwischen Ende Februar und Ende März. Ein zu früher Schnitt noch im frostigen Winter führt zu Frostschäden unterhalb der Schnittstelle, während ein zu später Schnitt nach Austriebsbeginn zu starkem Bluten und damit zu Nährstoffverlusten führen kann.

Schnitt von Tafeltrauben

Tafeltrauben können direkt von der Rebschule als frischveredelte, wurzelnackte Pfropfreben mit einem Wachs-Schutzbelag über der Veredelungsstelle bezogen und am besten im Frühjahr gepflanzt werden. Meist werden sie aber in Baumschulen und Gartencentern als einjährige Topfpflanzen mit einem oder mehreren, 50 bis 80 cm langen Trieben angeboten. Nach der Pflanzung, bei der die Veredelungsstelle knapp über dem Boden bleiben muss, sollte nur der stärkste Trieb belassen werden. Bei diesem wird der obere, meist nicht richtig verholzte Teil bis zur ersten starken Knospe zurückgeschnitten.

Sobald ein kräftiger Neutrieb erfolgt ist, wird dieser an das Rankgerüst angeheftet. Nun müs-

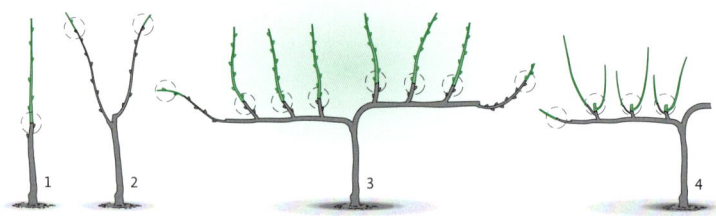

Erziehungsschnitt 1. bis 4. Jahr.

sen alle weiter unten ausgetriebenen Augen ausgebrochen werden. Dadurch wird ein gerader Stamm in der gewünschten Länge erzogen. Hat dieser die gewünschte Höhe für einen waagerechten Abzweig (meist als Gerüstast oder Kordon bezeichnet) erreicht, wird er im folgenden Frühjahr auf dieser Höhe abgeschnitten.

Die beiden obersten Augen treiben am stärksten aus. Mit diesen Trieben werden die Formierungsarbeiten fortgesetzt. Man kann sie nach links und rechts binden und so zwei Gerüstäste auf gleicher Höhe begründen. Alternativ dazu kann man auch nur den unteren der beiden Triebe waagerecht stellen und mit dem oberen Austrieb die senkrechte Verlängerung des Stammes weiterführen und so den Aufbau bis zum Erreichen einer zweiten oder sogar dritten Ebene in den folgenden Jahren fortsetzen. Dort angekommen, werden dann jeweils die waagerechten Gerüstäste formiert.

Beim Aufbau der Gerüstäste (Kordons) sollte pro Jahr maximal ein Längenzuwachs von 150 cm zugelassen werden, da die Pflanze sich sonst vorzeitig erschöpft und nicht alle seitlichen Fruchtäste austreiben. Das heißt, dass eine Gerüstastverlängerung beim nächsten Winterschnitt nur bis zu dieser Länge belassen wird und der Rest des Triebes abzuschneiden ist.

Bei Reben darf die Schnittführung nicht zu knapp über einer Knospe erfolgen, da diese sonst häufig eintrocknet. Es ist besser, einen etwa 2 cm langen Zapfen oberhalb der Knospe zu belassen. Dieser wird dann absterben und eintrocknen, aber die Knospe bleibt erhalten! Die so gebildeten Gerüstäste oder Kordons bleiben auf Dauer bestehen, sie verholzen und werden im Lauf der Jahre immer dicker. Aus Ihren Seitentrieben werden die Fruchtäste erzogen, welche jedes Jahr konsequent ausgetauscht und zurückgenommen werden müssen. Es wird im Hausgarten dazu meist die Methode des „Zapfenschnittes" angewandt.

Der Zapfenschnitt

Am Gerüstast werden Anfang März alle seitlich ausgetriebenen Fruchtäste auf zwei kräftige Knospen eingekürzt. Diese beiden Augen treiben danach aus und bilden zwei neue Fruchtäste. Auf Höhe des dritten oder vierten Blattes erscheint an ihnen jeweils die Blüte (auch Geschein genannt), aus der dann im Sommer die Traube wird. Nach der Fruchtansatzstelle würde der Trieb noch etliche Meter weiterwachsen, man kürzt ihn aber im Juni beim Sommerschnitt so ein, dass nach der Frucht nur noch drei bis fünf Blätter stehen bleiben. Diese versorgen die Frucht ausreichend mit Nährstoffen. Alle weiteren Blätter würden nur unnötig Kraft und Nährstoffe verbrauchen. Deshalb werden sie genauso wie die später aus den Blattachseln erscheinenden Geiztriebe entfernt.

Beim nächsten Winterschnitt wird dann der vordere der beiden Triebe ganz entfernt und der hintere wieder auf zwei kräftige Knospen eingekürzt.

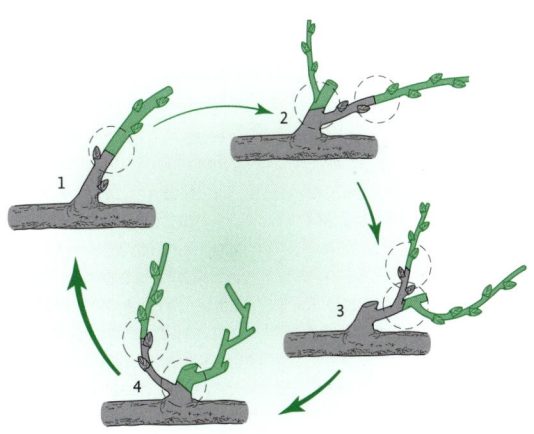

Zapfenschnitt 1. bis 4. Jahr.

Auch in den Folgejahren wird jeweils der hintere Trieb mit diesem Zapfenschnitt auf zwei Augen eingekürzt, bei gleichzeitiger Entfernung des vorderen Triebes. Es bleibt dadurch die Gesamtanzahl an Trieben gleich.

Langsam, aber sicher entfernt sich so der Zapfen aber immer weiter vom Gerüstast und es bildet sich ein unschönes „Geweih". Man kann deshalb nach ein paar Jahren nach und nach die alten Zapfenköpfe durch frische Triebe, welche direkt aus dem Gerüstast entspringen sollten, ersetzen.

Bei alten und vergreisten Pflanzen kann ein verkahlter und nicht mehr so vitaler Gerüstast auch ganz ausgetauscht werden. Man bindet dazu einen jungen Stammaustrieb auf der Höhe des alten Astes an die Spaliervorrichtung und entfernt mit der Säge den alten Ast, sobald der junge dieselbe Länge erreicht hat.

> Triebe, die den Stamm und die Gerüstäste bilden sollen, konsequent anbinden. Die seitlich davon austreibenden Fruchttriebe mit dem Zapfenschnitt verjüngen. Wildwuchs durch jährlichen Schnitt verhindern.

Schnitt von Kiwi

Die Erziehung der Kiwipflanzen erfolgt ganz ähnlich wie die der Tafeltrauben. Bei frisch gesetzten Containerpflanzen belässt man nur einen bis maximal zwei der stärksten Triebe und zieht diese möglichst senkrecht auf eine Höhe von etwa 2 m hoch. Es muss darauf geachtet werden, dass sich dieser zukünftige Stamm möglichst nicht um irgendwelche Stäbe, Drähte oder andere Triebe schlingt. Es besteht sonst die Gefahr, dass sich beim späteren Dickerwerden dieses Stammes die gewundenen Partien selbst abschnüren. Es ist deshalb besser, die junge, aufstrebende Ranke bis zum Erreichen der gewünschten Endhöhe regelmäßig zu entwirren und in kurzen Abständen an einen Stab anzuheften.

Sobald die gewünschte Höhe erreicht ist, wird der weitere Zuwachs waagerecht gebunden und zu einem ersten Gerüstast gemacht. Im nächsten Jahr erscheinen aus den Blattachseln des Stämmchens weitere Triebe, welche ebenfalls flach gebunden werden. Aus allen waagerechten Gerüstästen erscheinen ein Jahr später die Fruchtäste, an deren Triebbasis sich die ersten Blüten zeigen.

Ähnlich wie bei den Reben wird auch hier zum Austauschen der Fruchtäste fortan im Winter ein

Zapfenschnitt (siehe Seite 86) durchgeführt. Im Gegensatz zur Tafeltraube werden bei der Kiwi aber nicht zwei, sondern etwa 3–5 Augen an den Zapfen belassen. An der Basis der sich aus diesen Augen bildenden Triebe, kommen dann mehrere Blüten hervor, die bis zum Herbst wohlschmeckende Früchte bilden.

Beim Sommerschnitt werden die Triebe drei bis fünf Blätter nach der letzten Frucht abgeschnitten. Da diese Anzahl an Blättern für die Ernährung der Früchte ausreicht, würde jede Belassung des weiteren Triebes nur zu Nährstoffkonkurrenz und unnötigem Wildwuchs führen.

Im nächsten März werden von 3–5 Fruchttrieben des Zapfens dann die vorderen ganz entfernt und der hintere wieder auf 3–5 Augen eingekürzt.

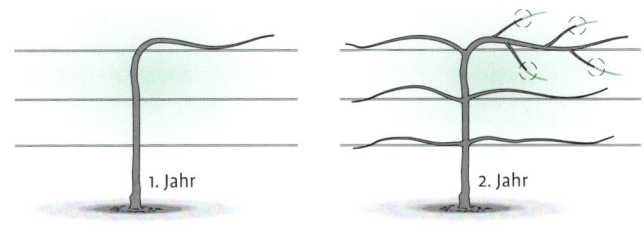

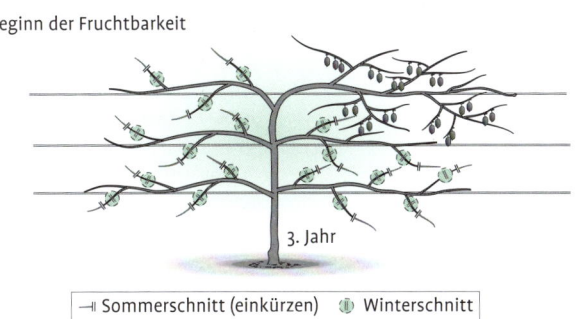

Erziehungsschnitt: 1. bis 3. Jahr.

1. Fruchtjahr

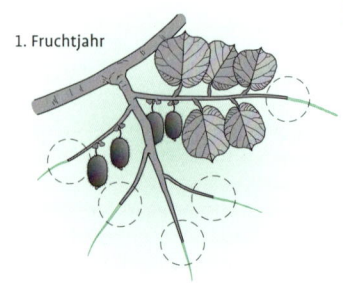

2. Fruchtjahr

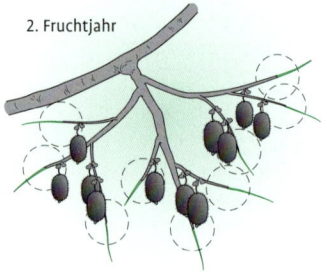

3. Fruchtjahr

Fruchtholzerneuerung bei Kiwi.

> Der Trieb, der das Stämmchen bilden soll, darf sich nicht am Stab emporwinden, sondern muss gerade angeheftet werden. Triebe, die den Stamm und die Gerüstäste bilden, konsequent anbinden. Die seitlich davon austreibenden Fruchttriebe mit dem Zapfenschnitt verjüngen. Wildwuchs durch jährlichen Schnitt verhindern.

Nach einigen Jahren sollte – wie bei der Rebe – der sich langsam bildende Zapfenkopf durch einen aus dem Stamm oder Gerüstast kommenden Jungtrieb ersetzt werden.

Bei der Kiwi gibt es in der Regel männliche und weibliche Sorten. Diese dürfen nicht zu weit voneinander stehen, damit es zu einer Bestäubung kommen kann.

Ein Problem tritt dann auf, wenn z. B. nach einem harten Winter eine der beiden Pflanzen abgestorben ist. Wer sich nicht sicher ist, welches Geschlecht seine verbliebene Pflanze hat, sollte die Blüten mit Abbildungen aus speziellen Kiwi-Büchern oder im Internet vergleichen und notfalls den fehlenden Partner nachpflanzen oder gleich eine selbstfruchtbare Sorte wie z.B. 'Issai' wählen.

Service

Die folgenden Abschnitte sollen helfen, weitere Informationen zum Thema Obstgehölzschnitt zu finden. Außerdem werden die verwendeten Fachbegriffe erläutert und Erklärungen für häufig gemachte Fehler vorgestellt.

Typische Fehler

Einige Fehler beim Schneiden bzw. Pflegen von Obstgehölzen werden immer wieder gemacht und sind verantwortlich für einen Misserfolg. Um diese typischen Fehler zu vermeiden, finden Sie im Anschluss häufig vorkommende Probleme und passende Lösungsansätze aufgeführt.

>> Der Baum fruchtet nicht, sondern bildet nur Triebe und Holz aus.
- Zu starker Rückschnitt im Winter hat einen starken Neuaustrieb aus Holz- und Blattknospen verursacht.
- Jährliches Zurückschneiden aller Äste verursachte einen starken Wundreiz, verbunden mit der Bildung vieler vegetativer Neutriebe.
- Das Ableiten von zu steil stehenden Leitästen auf einen flachen Nebenast bewirkte mehrere kräftige Neutriebe am höchsten Punkt.
- Eigene Wurzelbildung der Edelsorte wegen zu tiefem Pflanzen erzeugte ein starkes, anhaltendes Triebwachstum.
- Überdüngung mit Stickstoff förderte das Trieb- und Blattwachstum zu Ungunsten der Blütenbildung.

Was ist zu tun?
Juniriss, Sommerschnitt statt Winterschnitt durchführen. Weniger als ein Drittel des Baumvolumens in einem Jahr entnehmen. Waagerechtbinden einzelner Äste, um diese in die fruchtbare Phase zu überführen. Veredlungsstelle freilegen, Wurzeln der Edelsorte abtrennen. Düngung unterlassen.

>> Der Baum blüht regelmäßig, fruchtet aber nicht.
- Es erfolgte keine Befruchtung wegen Fehlens einer geeigneten Befruchtersorte.
- Blütenfrost verursachte ein Absterben der Blütenanlagen.

Was ist zu tun?
> Bei selbstunfruchtbaren Obstarten Befruchtersorte pflanzen oder Reiser einer Befruchtersorte in die Krone einveredeln.
> Während der Hauptblüte blühende Zweige einer Befruchtersorte in einem Eimer mit Wasser aufstellen.
> Typische Frostlagen vermeiden und Klimavoraussetzungen der jeweiligen Art und Sorte berücksichtigen.

>> Der Baum bildet nur kleine Früchte und Blätter aus, es erfolgt kein Neuzuwachs. Der Baum zeigt Vergreisungserscheinungen.
> Anhaltende Trockenheit bewirkt gestörte Wasser- und Nährstoffaufnahme. Luftmangel an der Wurzel durch Staunässe oder Bodenverdichtungen lässt Wurzel absterben.
> Wühlmausschäden an der Wurzel haben die Wurzelmasse erheblich reduziert.
> Nährstoff-, insbesondere Stickstoffmangel, bewirkt kleine Blätter und wenig Triebzuwachs.
> Kein Pflanz- und Erziehungsschnitt führt zu einer frühzeitigen Fruchtbarkeit zu Lasten des Kronenaufbaus.
> Über Jahre hinweg unterlassener Schnitt hat das physiologische Gleichgewicht zu stark in Richtung Blüten- und Fruchtausbildung verschoben.

Was ist zu tun?
Baumscheibe freihalten und Stammschäden vermeiden. Bei Trockenheit ausreichend wässern und bedarfsgerecht düngen. Durch kräftigen Schnitt im Winter für Wuchsreiz sorgen. Versäumten Pflanz- und Erziehungsschnitt nachholen. Blütenknospen bzw. Früchte entfernen. Wühlmäuse bekämpfen und Jungbäume in einen Drahtkorb pflanzen. Böden mit Staunässe meiden.

>> Die unteren Äste verkahlen und nur die äußersten Triebe der Krone bilden Neutriebe.
> Konkurrenztriebe an der Stammverlängerung wurden nicht konsequent entfernt und haben sich zu gleichwertigen Mitteltrieben entwickelt.
> Tolerieren zu starker Äste im oberen Kronenbereich hat zu einer Überbauung und einem Schattendach geführt.
> Zu starker Rückschnitt im oberen Kronenbereich bewirkte starken Neuaustrieb an der Spitzenregion.
> Zu flache Stellung der Leitäste hat diese verkümmern lassen.
> Mehrere Leitast-Etagen innerhalb der Krone beschatten sich gegenseitig und führen zum Verkümmern der unteren Astpartien.

Was ist zu tun?
Überbauung durch Entfernen der oberen starken Äste im August korrigieren. Flache Leitäste, insbesondere die Leitastverlängerungen, steiler stellen, sodass diese vermehrt Saft anfordern können. Schon beim Pflanz- und Erziehungsschnitt nur einen Leitastkranz zulassen. Durch Juniriss an der Spitze des Mitteltriebs diesen Bereich zusätzlich beruhigen.

>> Die Leitäste am Jungbaum sind zu schwach oder verzweigen sich nur wenig.
- Leitäste beim Pflanzschnitt zu schwach oder nicht angeschnitten. Zu lange oder nicht angeschnittene Leitäste haben sich nicht kräftig entwickelt und wurden nicht zur Verzweigung angeregt.
- Leitäste stehen zu flach oder wurden heruntergebunden und stellen dadurch frühzeitig ihr Wachstum ein.

Was ist zu tun?
Leitäste um gut zwei Drittel zurückschneiden und Leitaststellung durch Hochbinden korrigieren. Blüten bzw. Früchte an den zu flachen Leitästen entfernen.

>> Der Leitast reißt direkt am Stamm aus.
- Der Astansatzwinkel war zu steil (über 45° = Schlitzast), weshalb der Ast am Stamm nicht richtig verwachsen und verankert ist.
- Ein durch das zunehmende Fruchtgewicht abgesenkter Leitast wurde nicht rechtzeitig auf einen passenden steiler stehenden Neutrieb zurückgesetzt, der die Leitastverlängerung fortsetzen soll.

Was ist zu tun?
Schlitzäste unbedingt komplett entfernen und Krone mit geeigneten Trieben neu aufbauen. Sich mit der Zeit absenkende Leitäste immer wieder auf passende steiler stehende Triebe zurücknehmen, die dann die Funktion der Leitastverlängerung übernehmen.

>> Die Himbeeren bilden nach dem Pflanzjahr nur wenige Neutriebe aus.
- Nach der Pflanzung ist kein Rückschnitt erfolgt und die Wurzelknospen sind dadurch verkümmert.
- Zu tiefes Umgraben in den Pflanzreihen hat die Wurzeln und Wurzelknospen geschädigt.

Was ist zu tun?
Himbeerruten nach dem Pflanzen um mindestens die Hälfte zurückschneiden. Tiefe Bodenbearbeitung unbedingt vermeiden und besser mit organischem Material mulchen. Wird mit Stroh oder

Holzhäcksel gemulcht, Stickstoff zugeben. Bei Trockenheit ausreichend gießen. Schwere, wenig luftführende Böden meiden.

>> Die Triebe der Schattenmorelle verkahlen und hängen peitschenförmig nach unten.
> Es ist kein regelmäßiger Erneuerungsschnitt erfolgt, bei dem die Peitschentriebe auf kräftige einjährige Triebe zurückgenommen wurden.

Was ist zu tun?
Ein jährlicher Erneuerungsschnitt auf kräftige einjährige Triebe ist notwendig.

>> Der Pfirsich bildet nur noch schwache Neutriebe und wenige kleine Früchte aus.
> Schwache oder nicht erfolgte Schnittmaßnahmen haben das Wachstum des Pfirsichs stagnieren lassen.

Was ist zu tun?
Durch regelmäßigen, kräftigen Schnitt die Bildung von kräftigen Neutrieben anregen, die sich zu wahren Fruchttrieben entwickeln.

Zum Weiterlesen und -klicken

Je mehr Sie sich mit der Thematik des Obstbaumschnitts befassen, umso bewusster wird Ihnen werden, dass man nur Erfolg haben kann, wenn man sich den wichtigsten Zusammenhängen bewusst ist. Hierzu haben Sie nun den ersten Schritt gemacht. Vertiefend empfehlen wir Ihnen im Anschluss weiterführende Literatur bzw. hilfreiche Internetseiten.

Literaturempfehlungen

> BdB-Handbuch Band VI Obstgehölze, Eigenverlag: **Fördergesellschaft „Grün ist Leben"**, Pinneberg
> Beccaletto, J.; Retournard, D.: **Obstgehölze erziehen und formen**, Spaliere, Kordons und Palmetten, 2007, Verlag Eugen Ulmer
> Bosch, H.T.: **Kronenpflege alter Obsthochstämme**, KOB Bavendorf, Bezug über LOGL-Geschäftsstelle
> Fischer, M.: **Farbatlas Obstsorten**, 3. überarbeitete Auflage 2010, Verlag Eugen Ulmer
> Friedrich, G.; Petzold, H.: **Handbuch Obstsorten**, 2005, Verlag Eugen Ulmer
> Griegel, A.: **Mein gesunder Obstgarten**, 2001, Griegel Verlag

- Hartmann, W.; Fritz, E.: **Farbatlas Alte Obstsorten**, 4. Auflage 2011, Verlag Eugen Ulmer
- Heinzelmann, R.: **Handbuch für Obst- und Gartenfachwarte**, LOGL Baden-Württemberg, Auflage 2011, Bezug über die LOGL-Geschäftsstelle
- Link, H.: **Schneiden und Veredeln von Obstgehölzen**, 2007, Verlag Eugen Ulmer
- Link, H.: **Lucas' Anleitung zum Obstbau**, 32. Auflage 2002, Verlag Eugen Ulmer
- Schmid, H.: **Obstbaumschnitt**, 9. Auflage 2008, Verlag Eugen Ulmer
- Vorbeck, A.: **Naturgemäßer Obstbaumschnitt für die Praxis**, Bezug über Schlaraffenburger Streuobstagentur, www.schlaraffenburger.de
- Zehnder, M.; Weller, F.: **Streuobstbau. Obstwiesen erleben und erhalten**, 2. überarbeitete Auflage 2011, Verlag Eugen Ulmer

Empfehlenswerte Links

- Landesverband für Obstbau, Garten und Landschaft Baden-Württemberg e.V. (LOGL) **www.logl-bw.de**
- Verbandfachzeitschrift des LOGL Obst&Garten **www.oug.de**
- Lehr- und Versuchsanstalt für Wein- und Obstbau, Weinsberg **www.lvwo-bw.de**
- Landwirtschaftliches Technologiezentrum, Karlsruhe-Augustenberg **www.ltz-augustenberg.de**
- Kompetenzzentrum Obstbau, Bavendorf **www.kob-bavendorf.de**
- Verband der Obst- und Gartenbaufachberater in Baden-Württemberg **www.vbogl.de**
- Deutsches Agrarinformationsnetz **www.dainet.de**
- Verbraucherministerium BMVEL **www.bmelv.de**
- Zentralstelle für Agrardokumentation und Information ZADI **www.zadi.de**
- Lehr- und Versuchsanstalt für Gartenbau, Heidelberg **www.lvg-heidelberg.de**
- Bayerische Landesanstalt für Weinbau und Gartenbau **www.lwg.bayern.de**
- Forschungsanstalt Geisenheim **www.fa-gm.de/fachgebiet-obstbau/startseite/index.html**
- Bundesforschungsinstitut für Kulturpflanzen **www.jki-bund.de**
- Industrieverband Agrar **www.iva.de**
- **www.schnittkurs.de**
- **www.bund-lemgo.de**

Fachbegriffe

Wer sich in der Welt des Obstbaumschnitts zurechtfinden will, kommt um einige Fachbegriffe nicht herum. Die wichtigsten werden hier aufgeführt und kurz erklärt.

Ableiten Einkürzen eines Triebes auf einen flach stehenden Seitenast.

Adventivknospen Knospen im Wurzelbereich von z. B. Himbeeren, aus denen die Neutriebe gebildet werden.

Alternanz Wechsel zwischen Vollertrag und nahezu Nullertrag. Dieses Phänomen tritt insbesondere bei Apfel, aber auch bei Birne häufig im Streuobstanbau auf. Die Neigung zur Alternanz ist sortenabhängig und kann durch mangelnde Pflege, Blütenfröste oder zu starken Schnitt ausgelöst werden. Im Vollertragsjahr werden für das nächste Jahr nur sehr wenig Blütenknospen angelegt, in Jahren mit Ertragsausfall ist dagegen mit einem überreichen Blütenansatz zu rechnen. Diese Problematik ist beim Schneiden zu berücksichtigen.

Anschneiden Schnitt eines Jungtriebes innerhalb des im letzten Jahr gewachsenen Bereiches.

Astabgangswinkel Je steiler ein Ast aus dem Stamm abgeht, umso mehr Wachstum wird er haben und dafür weniger fruchtbar sein. Steiler Winkel = viel Wachstum und wenig Frucht. Flacher Winkel = wenig Wachstum und viel Frucht.

Astring Astkragen, der beim Entfernen eines Astes am Stamm verbleiben sollte, um die Wundheilung zu fördern.

Falsche Fruchttriebe Nur mit einzeln stehenden Blütenknospen versehener Trieb des Pfirsichs, bringt keinen Ertrag. Vgl. wahrer Fruchttrieb.

Flachwurzler Gehölze, die keine Pfahlwurzel ausbilden und ihre Hauptwurzelmasse relativ nahe an der Bodenoberfläche bilden.

Freimachen Wenn die Veredlungsstelle eines Obstbaumes in die Erde vergraben wird, kann es passieren, dass die Edelsorte eigene Wurzeln bildet (sich freimacht). Dadurch entstehen ein zu starkes, vegetatives Wachstum und ein deutlich verzögerter Ertragsbeginn.

Fruchtast / Fruchtholz Ist an den Leitästen und der Stammverlängerung angeordnet. Trägt die Früchte, muss gut belichtet und regelmäßig verjüngt werden.

Obstarten und -sorten unterscheiden sich teilweise erheblich bei der Fruchtholzbildung, was beim Schnitt unbedingt berücksichtigt werden muss.

Fruchtholzschnitt Auslichten von abgetragenem Fruchtholz auf jüngere Fruchttriebe.

Geiztriebe Seitentriebe an Jungruten der Brombeeren und der Reben, die im August zurückgeschnitten (ausgegeizt) werden.

Generative Kurztriebe Oft nur wenige Zentimeter lange Triebe, welche in alle Richtungen wachsen und mit Blütenknospen enden. Sie dienen ausschließlich der Fruchtbildung. Beim jungen Baum noch kaum, aber beim ausgewachsenen Baum reichlich vorhanden. Vgl. vegetative Langtriebe

Gerüstast / Basisast Starker wüchsiger Ast, der für längere Zeit in der Pflanze bleibt und somit ein Grundgerüst für den weiteren Aufbau bildet. Kann aber nach einigen Jahren entfernt oder durch einen jüngeren Ast ausgetauscht werden.

Juniriss Junge, unverholzte Konkurrenztriebe werden, insbesondere an den Triebspitzen, ausgerissen.

Konkurrenztrieb oder Afterleittrieb Neutrieb, der dem Leittrieb (Leitastverlängerung) am nächsten steht und ihm seine Funktion streitig macht (muss in der Regel entfernt werden).

Leitäste Sind dem Mitteltrieb in der Höhe etwas untergeordnet und bilden mit ihm das Kronengerüst. Sie leiten durch ihren schräg nach oben weisenden kräftigen Wuchs das Wachstum des Baumes in die Breite. Sie bleiben auf Lebenszeit im Baum und können nicht ersetzt oder ausgetauscht werden.

Leitastverlängerung Bezeichnet den Zuwachs, der als Reaktion auf den Pflanz- oder Erziehungsschnitt (Anschnitt) an einem Leitast entstanden ist. Die Leitastverlängerung soll den Leitast ohne Knick und steil genug nach oben weiterführen (verlängern).

Mitteltrieb / Stammverlängerung Bildet den mittleren Leitast und steht in der Höhe etwas über den seitlichen Leitästen. Der Mitteltrieb wird bei der Pyramidenkrone ähnlich einer Spindel erzogen (nach oben verjüngend) und ist garniert mit vielen meist flach abgehenden Fruchtästen, die gleichmäßig im Raum verteilt sind.

Peitschentriebe Abgetragene Fruchttriebe der Schattenmorelle verzweigen sich schlecht und bilden mit der Zeit hängende, kahle Äste.

Physiologisches Gleichgewicht Jedes Gehölz hat ein Gleichgewicht zwischen Wurzelwachstum, Triebzuwachs und Fruchtentwicklung, Dieses System ist sehr sensibel und reagiert auf äußere Einflüsse wie z. B. Wind, Schnee, Frost, zu starke Schnittmaßnahmen, falsche Düngung, Krankheiten und Schädlinge negativ. Nur wenn beim Obstbaum das Triebwachstum und die Fruchtentwicklung ausgeglichen sind, bekommt man regelmäßige Erträge und langlebige vitale Bäume.

Pinzieren Entspitzen eines noch nicht verholzten (krautigen) Triebes, Zeitpunkt Juni – Juli. Ab einer Länge von etwa 15 – 20 cm werden Neutriebe mittels Daumen und Zeigefinger auf 10 – 12 cm entspitzt. Der Trieb wird dadurch im Wachstum gebremst, verzweigt sich und wird zur Blütenknospenbildung angeregt.

Reißen Insbesondere im Juni, daher auch der Name Juniriss, werden unnötige Triebe im Baum durch Ausreißen entfernt. Potenziellen Wasserschosse werden mit dem Ansatz und inkl. der schlafenden Augen (Ruheknospen) weggerissen. Die durch das Reißen entstehende Wunde regt den Baum zum Wundverschluss an und hemmt das Triebwachstum. Bei zu später Durchführung sind die Triebe an der Basis bereits verholzt und damit nicht mehr so einfach wegzureißen, es bleiben spitze Stummel zurück.

Saftwaage Rückschnitt der Leitäste auf die gleiche Höhe. Beim Pflanzschnitt erreicht man so einen gleich starken Austrieb und damit gleichmäßig aufgebaute Kronen.

Schlafende Augen Unsichtbare Reserveknospen im Holz, die erst nach einem Rückschnitt austreiben.

Schlitzast Zu steiler Astansatzwinkel eines Seitenastes am Stamm bewirkt durch das Absterben eingequetschter Rinde eine unzureichende Verankerung, Ast kann bei Belastung ausschlitzen (ausreißen).

Triebknospe Flach ausgebildete Knospe, die keine Blüten, sondern nur einen neuen Trieb mit den daran wachsenden Blättern beinhaltet.

Überbauung Zu starke, triebgeförderte und ausladende Äste im oberen Kronenbereich bilden ein Schattendach zu Lasten der unteren Triebe.

Unterlage Wurzel, auf welche die Edelsorte veredelt wurde. Beeinflusst insbesondere über die Wuchsstärke des Obstbaums die endgültige Größe und Ausdehnung eines Gehölzes, aber auch die Standfestigkeit, Gesundheit und das Ertragsverhalten.

Vegetative Langtriebe Meist nach oben stehende starkwüchsige einjährige Triebe mit mehr als 40 cm Länge. In der Jugendphase zum Baumaufbau erforderlich. Lassen den Baum größer werden, haben aber keine Blüten-, sondern nur Triebknospen. Bei älteren Bäumen ein Zeichen für zu starken Schnitt. Vgl. generative Kurztriebe.

Veredlungsstelle Bezeichnet den Übergang von der Edelsorte zur Unterlage. Diese muss beim Pflanzen unbedingt handbreit über dem Boden sein.

Vergreiste Krone Durch langjährig fehlenden Erhaltungsschnitt ist die Krone völlig überaltert und hat nur noch eine schwache Neutriebbildung.

Vorzeitige Triebe Triebe, die entstehen, wenn sich ein Neutrieb noch im selben Jahr verzweigt. Besonders Pfirsiche bilden gerne vorzeitige Triebe, aber auch bei der Pflanzware für Apfelspindeln ist eine gute Garnierung mit vorzeitigen Trieben erwünscht.

Wahre Fruchttriebe Kräftige, einjährige Blütentriebe des Pfirsichs mit gemischter Knospe. Eine Blattknospe wird von zwei Blütenknospen flankiert. Vgl. falsche Fruchttriebe.

Wasserschosse Senkrechtstehende, starkwüchsige, einjährige, vegetative Triebe, die nach einer zu starken Schnittmaßnahme entstehen.

Zapfen Bei Süßkirschen lässt man beim Entfernen eines Astes einen etwa 10 – 20 cm langen Stummel stehen, um einem Zurücktrocknen bzw. Infektionen durch Pilze und Bakterien vorzubeugen.

Rolf Heinzelmann ist gelernter Gärtner und Dipl.-Ing. (FH) Gartenbau. Er ist Geschäftsführer des Landesverbandes für Obstbau, Garten und Landschaft Baden-Württemberg e.V. (LOGL) sowie verantwortlicher Schriftleiter der Zeitschrift Obst & Garten. Außerdem ist er Autor zahlreicher Fachartikel und bekannter Vortragsredner.

Manfred Nuber hat nach Gärtnerlehre und dem Gesellenjahr Landespflege studiert. Seit 1997 ist er als Fachberater für Obst- und Gartenbau im Landratsamt Böblingen tätig. Er bietet regelmäßig Seminare zum Thema Obstgehölzschnitt an und bewirtschaftet einen Obstbaubetrieb im Nebenerwerb.

Hinweis: Die in diesem Buch enthaltenen Empfehlungen und Angaben sind von den Autoren mit größter Sorgfalt zusammengestellt und geprüft worden. Eine Garantie für die Richtigkeit der Angaben kann aber nicht gegeben werden. Autoren und Verlag übernehmen keinerlei Haftung für Schäden und Unfälle.

Bibliografische Information der Deutschen Nationalbibliothek
Die Deutsche Nationalbibliothek verzeichnet diese Publikation in der Deutschen Nationalbibliografie; detaillierte bibliografische Daten sind im Internet über http://dnb.d-nb.de abrufbar.

Das Werk einschließlich aller seiner Teile ist urheberrechtlich geschützt. Jede Verwertung außerhalb der engen Grenzen des Urheberrechtsgesetzes ist ohne Zustimmung des Verlages unzulässig und strafbar. Das gilt insbesondere für Vervielfältigungen, Übersetzungen, Mikroverfilmungen und die Einspeicherung und Verarbeitung in elektronischen Systemen.

Titelfoto: panthermedia.net/ Brandon Bourdages
Zeichnungen: Alle Zeichnungen fertigte Helmuth Flubacher, Waiblingen, nach Vorlagen der Autoren.

© 2012, 2013 Eugen Ulmer KG
Wollgrasweg 41, 70599 Stuttgart (Hohenheim)
E-Mail: info@ulmer.de
Internet: www.ulmer.de

Lektorat: Doris Kowalzik
Umschlagentwurf, Layout und Satz: Christina Schaal, Reutlingen
Druck und Bindung: Pustet, Regensburg
Printed in Germany

ISBN 978-3-8001-7965-7